自然觀察入門

洪瓊君・陳國芳◎文字・攝影

晨星出版

更多與自然玩耍的方式

　　我要說說我們家老二跟自然玩的經驗，老二小名叫巫古，基本上她對於所有的自然生命都具有高度的興趣，舉凡毛毛蟲、蝴蝶、蛾類、甲蟲、鳥類，甚至是鞭蠍、蛇，活的死的她都敢抓，也都抓過。那一回她拎了一條剛被路人打死的蛇直衝入友人家，嘴裡還不停地說著：「你們看！你們看！」屋裡三個大男人睜大了眼，十分驚訝地看著這個拎蛇的小女孩，才兩歲半的小女孩。還有一回她兩隻手指頭牢牢地抓著一隻鞭蠍，鞭蠍動也不動，我當是死了，後來聞到嗆人的化學藥劑酸味，才趕快叫巫古把鞭蠍放了，然後帶她去洗手，雖然沒事，但那次經驗後我便再三囑咐巫古往後要抓什麼東西一定要先問過才行。

　　最近我們持續了一段日子，每天早上到往玉山國家公園的18號省道運動、玩耍，那個路段很豐富，每天去都有不同的驚喜，我所謂的驚喜，一方面是大自然給予我的，另一方面是孩子給予我的。我要在這裡述說其中一段經驗——巫古看到落葉鋪成的地毯便要去踩一踩，撿起落了滿地的油桐果實便一顆顆往山壁上丟，聽見森林裡不知什麼鳥規律而孤單的叫聲，巫古便用她稚嫩的聲音和鳥兒對叫，那鳥兒還真配合地和巫古對叫了近一分鐘，接著又追逐黃鶺鴒好長一段路，還丟了顆石頭想嚇嚇這「帶路鳥」，黃鶺鴒終於不耐煩地飛走了，然後又發現地上被壓成乾的蟾蜍，她又百般好奇地努力把黏在柏油路上的蟾蜍乾撕起來——約莫十點半左右，在鹿鳴吊橋入口處，突然出現上百隻的樹鵲，他們集體飛過天空造成一大塊的陰影，這一大群樹鵲在枝頭跳躍、鳴叫，時而發出煙火般的叫聲；時而嘎嘎嘎的粗聲怪叫，我被這景象震懾住，而巫古也楞了一會兒，旋即又開始對著枝頭上的鳥兒大聲地說：「哈囉！」

——她又來了！還叫我跟她一起喊！——這就是她玩自然的方式。

近十年來，其實我已習慣很自然地打開所有感官來領受與大自然接觸的每一種經驗，雖然這其間已有一種細膩與靈性，但也可能存在著一種嚴肅和距離，因為我還是觀察與分辨多過於純粹的玩耍，在兩歲半的巫古身上我看到（可能是我學不來的）一種純真與純粹的態度，跟大自然玩耍的方式。

現在，我要來說說這本書，五年前全國兒童周刊的編輯張明薰（她已離職）一通電話來邀稿，我這個〈小小天地樂趣多〉的專欄便一直寫下來了，到現在還持續著，所以這本書的形成真要感謝周刊的編輯們的推動。而我們在這樣一本自然觀察入門的圖鑑書中所要傳達的，主要是邀請大小朋友一起用另一種有趣的、更多元的角度去發現、觀察週遭的自然生命，所以我們用說故事或玩遊戲的方式向讀者介紹大自然的生命與生態，其中也包含許多我們與自然生命接觸的特殊經驗，這是一本不僅適合大人看，更適合小朋友閱讀的書，你可以把它當故事或散文來讀，更可以將它當作工具書來使用，這是本書與其他圖鑑書最大的不同處。

這本書還有另有一個特色，那就是我特別邀請學海洋生物的國芳老師在這本書中介紹海邊、海洋以及哺乳類跟蛙類的生物，所以這本自然觀察入門書便涵蓋了海、陸、空不同領域的生態。

不論你幾歲，希望你拿著這本書到大自然中都沒有累積知識的壓力，而只是學會更多種與自然玩的方式。

洪瓊君

Contents

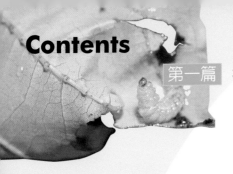

第一篇 打開感官 發現自然

1. 從一片葉子開始   8
2. 屋簷下的小鄰居   14
3. 你也可以做自然觀察家   17
4. 發現新視界   22
5. 聲音配配對   25
6. 跟著氣味走   29
7. 城市中的野味   34
8. 上山嚐鮮去   38
9. 用身體擁抱大自然   42

第二篇 植物的繽紛世界

1. 奇特的葉子   46
2. 此花非花   50
3. 種子旅行的故事   55
4. 樹的容顏   58
5. 植物的生存策略   61
6. 植物的防禦術   64

第三篇 動物萬花筒

1. 六腳動物世界   70
2. 吃相百出   73
3. 草地上的精靈   76
4. 鳥巢長什麼樣子？   80
5. 無所不在的蜘蛛   83
6. 雨後的歌手   89
7. 哺乳動物   94
8. 生人勿近——毒蟲篇   99

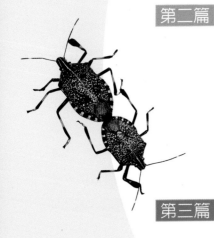

第四篇　海洋總動員

　1 . 充滿危機與生機的潮間帶　104

　2 . 軟體動物的世界　109

　3 . 魚兒水中游　113

　4 . 萬物之母──美麗的海洋　117

　5 . 溪邊探險去　121

第五篇　四季的饗宴

　1 . 尋訪春天的花仙子　126

　2 . 夏日的盛宴　129

　3 . 仲夏夜舞台　134

　4 . 秋光調色盤　138

　5 . 生氣蓬勃的嚴冬　141

　6 . 冬季的野鳥天堂　144

　7 . 窗外的自然風景　147

　8 . 窗外的人間百態　151

　9 . 特別的自然　特別的你　154

　10 . 向一棵樹致敬　157

　11 . 小小自然大啟示　161

第六篇　魔法大自然學堂

　1 . 魔法石之旅　166

　2 . 蟲蟲婚禮大觀　171

　3 . 躲貓貓大賽　175

　4 . 在野地上演的精采好戲　181

　5 . 一起來當福爾摩斯　186

　6 . 這裡是台灣──福爾摩莎　190

打開感官 發現自然

1. 從一片葉子開始

　　你是不是會覺得生活單調乏味，沒有啥新鮮事？或是對自己的生活環境太熟悉，再也找不到樂趣？其實還有很多你沒有發現的新鮮事，藏在你平常沒有注意到的角落，只是要靠細心去觀察。當你打開觀察自然的那扇窗之後，會發現生命竟是如此繽紛浩瀚，令人讚嘆。

　　如果你還不知道如何著手進行自然觀察，有個最簡單的方法，那就是從身邊的一棵植物開始。

　　首先，你可以從公園或者校園，行道樹甚至是自家院子或陽台栽種的一棵植物開始。葉子對於許多生物而言，就像一間免費的豪華飯店。許多生物在葉子上來來去去，有的免費撈一餐就走；有的長久居住；有的只是偷渡。有的是未經葉子同意就擅自搬進來的霸王客；有的是會對葉子造成危害的駭客；有的卻是會對葉子具有保護作用付費的好房客——葉子上什麼怪房客都有，而它卻沉默無言地包容這一切。

　　現在就讓我們從一片葉子開始我們的自然觀察，看看樹葉上有些什麼東西吧！

金花蟲

一般金花蟲的體型多成橢圓形或長橢圓形，觸角為鞭狀或短棍棒狀，腳粗狀發達。部分金花蟲外觀很像瓢蟲，但瓢蟲體型較圓，觸角也比較不明顯，而且所有的金花蟲皆為植食性，有很多還是瓜蔬害蟲呢！

● 瞧！黑點大金花蟲的幼蟲正在飽食山葡萄的綠葉大餐，而一旁成蟲還正上演纏綿悱惻的愛情戲呢！

細蝶的蛹

在本書截稿前，我們一個學生意外發現自野外採回原本要觀察細蝶羽化的蛹，竟會隨著他彈奏的單調琴音而有節奏地大幅甩動──大自然無時無刻在顯現奇蹟給抱著熱情探索的人，隨後我們也做了許多細蝶之蛹對聲音敏感程度的試驗，若未親眼目睹，絕不能領受對自然奇蹟的震撼與讚嘆。在秋天，有興趣的人也可以在蕁麻科的植物上找到細蝶的蛹，做做看這個關於聲波振動的有趣實驗。

● 細蝶（蛺蝶科）的垂蛹很有秩序地在葉背排成一列，用手指輕輕碰觸──竟然還會扭動呢！

昆蟲寶寶與食草

　　蝴蝶、蛾以及瓢蟲、椿橡等，通常會把卵產在葉子上，蝴蝶媽媽更會把卵產在特定植物的葉子上，讓寶寶一出生就有食物可吃，我們稱之為「食草」。

　　如果你看到植物上捲曲的葉子，有的像長瘤；有的包得有模有樣，那片葉子一定大有文章！包得挺完好的捲曲葉子是細心的昆蟲媽媽幫卵做的搖籃，讓寶寶安心長大。另外，還有很多蛾、蜘蛛或少數蝴蝶的幼蟲會把自己捲在葉子裡睡大覺，若要分辨葉子裡到底是蛾寶寶還是蝴蝶寶寶，有個簡單的方法——若你發現包在葉子裡的幼蟲和牠的糞便睡在一起，那便是蛾的幼蟲，反之，葉子裡若很乾淨，便是蝴蝶寶寶的家了。

● 你看！荷氏黃蝶的卵就產在鐵刀木的葉子上，只有像小米粒一般的大小，很難發現。

● 小黃斑椿橡一出生就帶著色彩鮮豔的面具，而且每蛻一次殼，也就是增加一齡時，都會換一張面具喔！

● 已成年的黃斑椿橡正在舉行婚禮，是不是又換了一張新面具呢？

象鼻蟲

　　部分的象鼻蟲媽媽會在其幼蟲的食草尖端下卵，等象鼻蟲寶寶孵化之後，就吃食捲在裡面的葉片，並且直接在葉片中化蛹，隔沒多久就有一隻新生的象鼻蟲羽化出來了，因為象鼻蟲媽媽會製作精良的捲葉保護幼蟲，故又被稱為「搖籃蟲」。

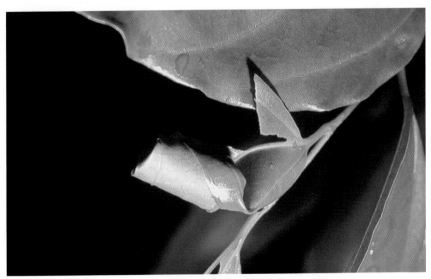

● 是誰把葉子橫切一半，還把它層層包裹得像春捲般的葉捲呢？

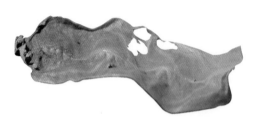

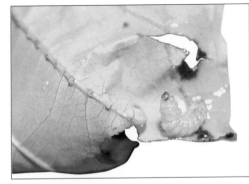

● 把捲曲的葉子打開來，可看見象鼻蟲媽媽
　產下的金黃色卵粒或象鼻蟲寶寶。

蟲癭

　　有些蜂、蛾或是蠅類會將卵產於葉子內部的組織中，其幼蟲便以葉子的組織爲食物，而葉子受到刺激則會長出一顆顆突起的「蟲癭」。

　　蟲癭的種類很多，有的長得很怪異，有的還很美麗呢！光是發現葉子上蟲癭的種類就很令人嘆爲觀止了。

● 這種蟲癭像不像龍眼肉？

● 這些撐在葉面上的綠色高腳杯也是蟲癭，是不是會讓你想起王翰的詩句「葡萄美酒夜光杯」呢？

● 這種蟲癭只出現在猿尾藤的葉子上，經常都會穿透過一片葉子，撥開來的質感很像保麗龍，是很奇特的一種蟲癭。

13

2. 屋簷下的小鄰居

　　不知道你有沒有發現，許多生物都已融入我們的居家環境中，這些和我們一起生活的小鄰居也都是很有趣的觀察對象，譬如說：觀察家中的螞蟻有哪些種類？牠們走路的方式以及如何合力搬運較大的食物？還有，在牆上爬行的壁虎如何捕捉獵物？母壁虎透明的肚子裡藏了多少卵？……等等。包準你一定能窺見比八點檔連續劇還精采的情節。

　　所以，並非只有到戶外才能欣賞大自然，家裡也是觀察自然的好場所呢！

衣蛾

　　家中的各個角落藏著各式各樣的生物哦！

　　仔細瞧瞧，這是一種專吃灰塵的「衣蛾」，牠們利用牆壁的塵垢製作會移動的家，雄蟲羽化後就成為一隻咖啡色有黑色斑點的「衣蛾」。你是不是常看到牠，卻不知道牠的名字？

● 衣蛾正拖著自製的睡袋蠕爬。

高腳蜘蛛

　　逐漸從都市環境中絕跡的高腳蜘蛛，是有名的蟑螂剋星！其實牠對人類沒什麼危害，千萬不要被牠的外表嚇到。

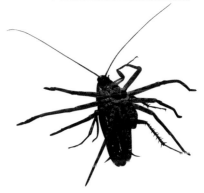

● 高腳蜘蛛正在享用蟑螂大餐呢！

蠅虎

　　還有一種最常出現在家中的「蠅虎」（不織網的蜘蛛），牠最愛的食物是蒼蠅。這些蜘蛛幫我們消除許多害蟲，下次看到牠們時是不是該說聲謝謝呢？

● 蠅虎抓到一隻蒼蠅正準備大快朵頤。

柑橘類植物上的鳳蝶幼蟲

　　如果你在家中的院子或陽台上種植柑橘類的植物，例如：金桔、檸檬、柚子等，可能就會吸引台灣無尾鳳蝶或柑橘鳳蝶來產卵，這麼一來就可以觀察到牠們從卵到成蝶的蛻變過程了。

● 柑橘鳳蝶的幼蟲，斑駁的體色很像鳥糞，這是牠躲避天敵的障眼法。

● 台灣無尾鳳蝶的幼蟲以柑橘類的植物為食草，能忍受污濁的空氣，所以在都市中很容易發現牠的蹤跡，你只要在陽台上種植一盆金桔，就能吸引雌蝶前來下蛋喔！

【讓我們看蟲去】

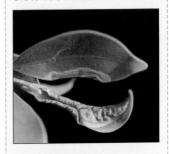

你看過這種葉子嗎？
是誰讓葉子生病了呢？
去找一棵榕樹，
剝開生病的葉子，
看你能發現什麼？

（答案在 P21 頁）

16

3. 你也可以做自然觀察家

　　當你開始觀察到身邊其實還有許多有趣的自然生命與我們共享相同的空間之後，如果再多一點想像力，比如想像自己是一隻椿橡或正在搬運食物的螞蟻……相信你會感覺自己彷彿一腳跨入魔戒的奇幻世界──當然，屋簷下的小鄰居絕對不足以滿足你想探索自然的熱情，走出戶外方能接觸到生物萬花筒的大千世界。但是，要入寶山卻不空手而回，最好事前能做一些準備，本篇的內容便是要提供你如何進行自然觀察的一些建議。

衣著配備

晴朗的天氣是親近大自然的好時機，但是要小心紫外線！帽子和薄長袖上衣或外套是不可或缺的裝備。在野外，一頂帽子不僅可遮陽、防風，亦可抵擋突如其來的細雨或從天而降的有毒生物（例如毒蛾的幼蟲），而要避免蚊蟲叮咬，甚至在潮濕之處要避免會吸血的水蛭，穿著長褲及布鞋是比較保險的。另外，穿著雨鞋也是不錯的方式，即使在野外不小心踩到蛇，雨鞋的厚度也是很好的防護罩。

● 自然觀察出發前的標準服裝。

在頸後遮一條毛巾同樣可遮陽，亦可增加保護面積，流汗時還可擦汗，功能多多呢！還有，別忘了在背包中準備一件輕便的雨衣，以備不時之需。

觀察裝備

在觀察的裝備上，你可以攜帶望遠鏡、放大鏡、觀察盒或較大的透明觀察箱，還有筆及沒有畫格線的筆記簿，如果你想要為自己的野外觀察做一些文字及繪圖的記錄，這些工具是不可少的。把蟲蟲放進觀察箱觀察，即可做繪圖紀錄，觀察更細微的部分，但是觀察完後，記得要讓蟲蟲安全回家喔！

● 八至十倍數的望遠鏡較實用，體積
也不會過大。

● 放大鏡可用來觀察微小的動植物。

● 透明觀察箱在規模較大的文具行應
該就可以買到，但是一般飼養小寵
物的有色觀察箱則不適於野外觀
察。

● 最好帶著鉛筆及色筆，以及全張空
白的紙，較適合做繪圖記錄。

圖鑑能讓觀察更深入

　　另外，若你想要有更深入
的認識，建議你不妨隨身攜帶
幾本較輕便且實用的圖鑑，包
括昆蟲、植物、鳥類甚至蛙類
圖鑑等等，或是設定該次旅行
（包括短程及長程的旅行）的
主要觀察目標，相信你的收穫
會更深刻。

● 各式各樣的圖鑑。

其他工具

當然，你也可以像我女兒一樣用影印紙自己製作觀察簿，那就更具意義及特色了。而現在數位相機很普遍，若是你帶著孩子一起觀察自然，也可以為孩子準備一臺可近拍的數位相機，讓孩子自在拍照，藉此機會訓練孩子對於空間構圖及色彩、光線的美學概念。更可以找個舒服的角落，跟孩子一起用彩筆，把觀看自然美景的喜悅和感動畫下來。

● 數位相機是方便的記錄工具。

● 將美景畫下來是另外一種觀察自然的方式。

帶著好奇‧探索的心

　　觀察自然不該成為有壓力的功課，你可以跟孩子或帶著住在你心中的那個小孩在住家附近或近郊，隨意尋找一條野徑或小巷弄，來一趟漫遊。那條路徑也許很陌生，也許是再熟悉不過的路徑，重要的是帶著好奇、探索的心情出發。

　　牆角冒出的一株野花，樹上纍纍的果實，一片翩飛艷紅的葉子，或是人家建築的形式，盆栽的姿態……無一不是入眼的好風好景，重要的是用心觀看、細心品味。

【讓我們看蟲去】
（P16頁解答）

榕樹樹葉裡的秘密就是「薊馬」，牠專門躲在榕葉裡吃喝拉撒睡，你找到了嗎？

4. 發現新視界

　　你是否曾用不同的姿勢和角度觀看一樣景物，而你又曾因此有什麼意外的發現呢？例如：躺下來觀看一棵樹，看到樹幹突然變成一把巨傘；又例如你蹲下來看一叢野花，想像自己是一隻小螞蟻，低矮的野花叢瞬間變成一片巨大的森林，你打算如何展開森林探險之旅呢？換個姿勢和角度，你會發現另一個充滿想像和驚奇的新視界。

【做做看】
嘗試用不同角度和姿勢來觀察自然，把你發現的新視界畫下來（也可以畫局部或塗上顏色），可以和別人玩玩猜謎的遊戲哦！

睜大眼睛

● 這是一片被蟲蛀洞的葉子嗎？

● 看出來了吧！牠就是以模擬枯葉著名的枯葉蝶。找到牠的身體和頭了嗎？每一隻枯葉蝶模擬葉子蛀洞的地方都不同，造物主是不是很神奇呢？

● 像不像充滿現代感的裝置藝術？

● 原來是台灣騷蟬的翅膀，帥吧！更神奇的是雄性的台灣騷蟬腹部是透明的，裡面空無一物，是發聲的共鳴箱，大自然的巧奪天工，真叫人嘆為觀止。

23

放低身段

● 你必須整個人趴在地上，才能這麼清楚看到這兩隻在泥地裡交配的稜蝗。稜蝗是水邊常見的昆蟲，較潮濕的低海拔山區也很容易看見牠，稜蝗以苔蘚及藻類為食，擁有良好的保護色，並且具有非常堅硬的背板，一般食肉昆蟲很難下嚥。

不同角度的視野

● 蹲在油菜花叢裡，紋白蝶從我頭頂飛過，像一片巨大的影子。
紋白蝶的幼蟲主要以十字花科的植物為食草，例如花椰菜、高麗菜等，令農夫十分頭痛。

● 逆光中的一株五節芒，一串串金黃色的果實帶給你什麼樣的想像呢？

● 把你的目光集中在一片葉子上，一片葉子也可以染紅整個天空。你以為這是楓紅片片的深秋，其實是欖仁葉在冬季轉紅。

5. 聲音配配對

　　每當我走進大自然，聽到四面八方傳來的聲音時，總會讓我豎起耳朵，全身細胞跟著靈敏起來，好奇地探尋聲音來自何方？是什麼生物發出來的？牠發出的聲音有什麼特別的作用？

　　大自然的聲音能讓我們在大自然探險的過程裡，增添許多驚奇的元素。

炎夏的蟬叫聲

● 是誰正在用那魔音傳腦的功力來數「一～～～」呀！原來是春夏之間經常在草叢綠葉間活動的草蟬。

　　雄蟬發聲的主要目的是宣示領域和吸引雌蟬，而雌蟬雖然保留了退化的發聲器官卻不會發聲。當雌蟬聽見同種雄蟬的鳴聲後會本能的主動飛到雄蟬停棲的樹幹上與之交配，這時就要看哪一隻雄蟬叫得最大聲，最有魅力。

　　雄蟬的發聲器位在腹部的腹面基部，內部有鼓膜及發聲肌共同作用發出聲音，腹部內形成一個共鳴箱，再由胸部側片延伸而來的音箱蓋調整音量及音高，就能發出音域變化大而旋律複雜的鳴聲。因為不需要用到肺沒有換氣的問題，所以蟬可以一次叫很久很久。

● 熊蟬在夏日大量出現時，常可以在公園或樹林間聽到牠們集體鳴唱。由誰來起音呢？起音的蟬往往佔有交配的優勢，不過也比較容易曝露行蹤。

蛙類奇特的發聲方式

蛙的鳴叫是先吸一口氣把氣存在鳴囊中利用鳴囊中的氣引發聲帶來發聲，牠的鳴聲同時具有宣示領域和求偶的功能，通常牠們發出的聲音音高變化不大形式簡單，所以辨認蛙類的入門就是聽聲音了。

斯文豪氏赤蛙的叫聲像鳥叫

斯文豪氏赤蛙生性害羞，經常獨自躲在急流旁的石頭底下，若不是因為牠那像鳥兒的叫聲指引，要找到牠還真不容易呢！不過，斯文豪氏赤蛙的食量很大，有時連體型比牠小的蛙類，也會成為牠的食物呢！

● 夜深了，是哪隻鳥兒不肯睡，還在溪畔「啾啾」的叫不停呢？原來是害羞的斯文豪氏赤蛙。

小雨蛙的叫聲奇特

好像有人拿著木頭在刮洗衣板！原來是小雨蛙用力鼓起鳴囊，認真的在求婚呢！

● 小雨蛙叫聲規律，背中明顯的深淺色重疊的花紋是主要的辨識特徵。

桑天牛會發出刺耳的聲音

　　桑天牛是利用前胸與中胸骨
板摩擦而發出聲音，受到驚嚇之
後，會發出像是摩擦保麗龍的怪
聲。

　　桑天牛的體色是具有光澤的
褐色，成蟲夜晚有趨光性。取名
為桑天牛，顧名思義就是愛啃食
桑樹的天牛，對果農而言可是一
大害蟲呢！

● 天哪！是誰在摩擦保麗龍啊！
害我都起雞皮疙瘩了。

一種鳥會發出多種聲音

　　鳥類的鳴叫通常具有求偶、警告、宣示領域等功能，因此同一種
鳥不會只有一種叫聲而已。像紅嘴黑鵯經常成群的在林中飛來飛去，
吱吱喳喳的發出各種不同的聲音，喧鬧不休。

●「喵！喵！喵！」怎會有小貓咪跑到
那麼高的樹頂呢？「咻！」它飛到
另一棵樹上了！像貓一般的叫聲，
也是紅嘴黑鵯的叫聲之一。

6. 跟著氣味走

我們每一次的呼吸,都伴隨著嗅聞,「利用嗅聞來記憶氣味」真是世界上最奇妙的事了。

搓揉一片葉子、招碎一顆熟果,甚至不小心碰觸到一隻會散發異味的蟲……大自然裡充滿了各種令人驚奇、迷惑的氣味,跟著氣味走,大自然將引領你進入一個奇幻的國度。

馬櫻丹的葉子有股奇特的味道

撿拾一片馬櫻丹的落葉搓一搓，聞一聞，是不是傳來一股比胡椒粉還嗆的味道？也有人說初聞有芭樂味，到後來還會有地瓜葉的味道呢！每個人對氣味的感覺不同，那才是自然體驗最有趣的地方。

● 在公園、校園中，馬櫻丹是最常見的植物之一。

森林裡的腐屍怪味

剛打過春雷的陰濕森林裡，怎麼會傳來陣陣腐屍的怪味？先別怕，循著那股氣味，你就會找到臭味的來源——密毛蒟蒻，因它在春雷過後開花，故又稱為「雷公槍」。

● 有屍臭味的密毛蒟蒻（天南星科）。

名符其實的雞屎藤

春夏時分在野地裡若看到亂叢中冒出像口紅一樣的小花，不妨湊近用力深呼吸。哇！好濃的糞臭味，就因它全株都帶有糞臭味，故名「雞屎藤」。不過，折摘其嫩葉炒蛋，不但臭味全失，滋味也不惡喔！

● 雞屎藤（茜草科）小巧可愛的花。

有魚腥味的蕺菜

這看來毫不起眼的小花，搓揉它的葉子來聞，保證你終身難忘，它的名字叫「蕺菜」，又叫「魚腥草」，氣味也名符其實，鄉下人常取其枝葉曬乾之後煮成茶，腥味盡失，能清涼退火。而我們所看到的有如花瓣的白色瓣狀物，其實是苞片，它真正的花瓣已經退化了。

● 具有腥臭味的蕺菜（三白草科）。

會發出口臭味的蟲蟲

鳳蝶科的幼蟲在頭部及胸部之間都有兩根色澤鮮豔的肉角，平時收在身體裡頭，在受到威脅時，會後翻伸出此肉角並釋放出特殊氣味來武裝自己，那種臭味就像是牙縫裡食物殘渣的氣味，還有一點糞味，很難聞。

● 鳳蝶幼蟲受到威脅時也會發出臭味。

最常見的臭蟲──椿象

最容易發現的臭蟲就是椿象了，牠又叫「臭腥龜仔」。當你試著抓牠時，會聞到一股有點腥、有點涼，又有點臭的特殊氣味。而椿象的體背往往是一副色彩鮮明的面具圖案，這也是用來嚇退敵人的。

會發出惡臭的台灣擬食蝸步行蟲

這隻具有亮深紫色光澤的美麗甲蟲──台灣擬食蝸步行蟲，早年普遍分布於中低海拔山區，但因中低海拔山區的土地多已被開發成果園，加上農藥的噴灑，數量銳減許多，因此現在列為台灣特有的保育類昆蟲。其幼蟲及成蟲皆為肉食性，以捕捉蚯蚓、蝸牛及其他小型動物為食。

● 黃盾背椿象。

牠遇危急時也會發出似化學藥劑的臭味。若要將臭味分等級，那麼椿象是「小臭」，鳳蝶幼蟲是「中臭」，台灣擬食蝸步行蟲就是「大臭」了。

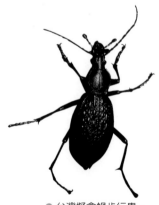

● 台灣擬食蝸步行蟲。

大自然中的香味

　　除了不好聞的異味之外，大自然中仍然充滿令人喜歡而清香的好氣味，例如：樟樹（樟科）果實其種子可提煉油蠟、樟腦油，聞起來有檳榔香；過山香（芸香科）的葉子是玉帶鳳蝶的食草，對我來說，它那股沙士糖般的清涼香味，卻有著提神醒腦的作用呢！還有月橘、芒果葉、檸檬草、香茅……這些奇異的好氣味，都讓我愛不釋「聞」呢！

● 樟樹的葉子與果實。

● 過山香的葉子富含香精，具有濃郁的香氣，同時也是玉帶鳳蝶、無尾鳳蝶幼蟲的食草。

7. 城市中的野味

　　植物的果實就像是種子的搖籃，在種子尚未成熟之前，果實緊密的包著它，等種子發育成熟之後，果實之門就會打開，讓種子展開生命的旅程。

　　有些果實長得鮮豔可口，目的就是要吸引昆蟲及其他動物來幫它傳播種子。當動物吃掉果實的同時，也就達到傳播種子的目的了。

　　春夏之際，植物更是大方的結實纍纍，即使在城市裡也可以嚐到不少自然的野味呢！

外出找野味

● 這是經常可以在草叢裡發現的，一種被綠色密毛包裹著的果實，當果實由綠轉黃，就可以把它撥開來吸食它種子上的假種皮，滋味超甜的喲！

它的名字叫「毛西番蓮」（西番蓮科），是百香果的親戚，所以吃起來很像百香果，而它的果實也有潤肺的效果。

● 這種果實長得像一顆小雪球，咬一口，嗯——有水分，澀澀的，像沒有甜味的香瓜。

原來是公園裡常見的草海桐果實（草海桐科），當它由綠轉白時則表示果實已成熟，可生吃亦可用糖醃漬後食用。而草海桐其實是一種海濱植物，摸摸它的葉片是不是感覺有點厚度呢？它具有耐旱的功能，而其肥厚滑嫩的葉片川燙後還能成為一盤可口的野菜呢！

● 這個橙紅色的果實看起來像柿子，切開來有黃黃的果肉，水分不多，卻有淡淡的果香。

它就是毛柿，屬於柿樹科，是台灣產的柿樹科葉子最大者。其心材色黑而質地堅硬，俗稱為「台灣黑檀」，是上等的工藝用材。

● 這種果肉像橘子，色紅而透明，味道甜得像果汁。

它是構樹（桑科）的果實，構樹的嫩葉是鹿及羊的食物，樹皮還可造紙，真是用處多多。

● 它的樣子像櫻桃，一年四季都在開花結果，相當多產，味道很甜膩，但孩子超愛吃的。

它的名字叫「西印度櫻桃」（椴樹科），果實富含維他命C，最好選摘粉中帶黃的果實，味道恰好不致於太甜。

● 西印度櫻桃的花朵。

● 這是最常見的野味，酸酸的味道像李子，很解渴。

紫花酢醬草（酢醬草科）是我兩個女兒最愛吃的野味，只要有草地就可能發現它的蹤跡。我們吃它長長的葉柄及花梗。只要在山路邊沿途有酢醬草可吃，我兩歲的女兒巫古（她的小名）就能一路吃而忘形地獨自走完五公里的山路呢！

● 這是田野間常見的一種茄科植物，果實成熟後呈藍紫色，形狀小巧而圓潤，味道比小蕃茄還甜膩。

相信很多人都吃過這種野果，它就是「龍葵」（俗稱「黑甜仔」），嫩葉可做菜，稍具苦味，但果實不能多吃，茄科的植物都有微毒，小心吃多了會拉肚子。

8. 上山嚐鮮去

即使是在城市中，只要你對於植物多一些認識，就能嚐到不少野果，在前一篇已介紹了不少，而真正到了野外，能食用的野味可就多得不勝枚舉了，礙於篇幅，只能列舉幾種常見的山林野味，有機會就讓你的味蕾嚐嚐粗獷原始的野味吧！那也是相當奇特的體驗喔！

【掌握原則‧安心採果】
你可以將葉子或成熟的果實放在舌尖輕咬，如果嚐到：
（1） 甜甜的，則九成屬於無毒。
（2） 味道苦澀，勉強可食用，大約七成不具毒性。
（3） 若有麻辣之感，代表有毒，應立即吐掉並用水漱口。

隨處可見的「野草莓」

　　薔薇科懸鉤子屬的植物，有很多果實是可實用的，例如：台灣懸鉤子、玉山懸鉤子、刺莓、蛇莓……等，大多味甜可口，數量多的話還可製成果醬，不過採摘時可要小心它莖上的刺喔！

● 台灣懸鉤子的果實。

● 蛇莓的果實。

有著澀芭樂味道的普剌特草

　　初夏時分於山壁上或草叢裡，很容易發現這種似小銅錘般的紫色果子正結實纍纍，它有一個特別的名字叫「普剌特草」，是從學名中的頭一個字（屬名）直接音譯而來，也有人稱之為「銅錘草」。它的果實色澤雖美，但滋味不是很好，有點像澀芭樂的味道，而它全草搗爛敷於患處卻可治療跌打損傷、骨折。

● 普剌特草（結梗科）的果實及花。

可以解渴的植物

火炭母草（蓼科）的葉面有像是被火烙傷的痕跡，折一截嫩肥的莖咬咬看，味道澀澀酸酸的像李子，挺解渴的。果實上的宿存花披多肉，也是酸甜可口，另外，它的根還有消炎、治療腰酸背痛的功效呢！

秋海棠科植物的莖水分更多，味道更酸，愛吃酸的人不妨試試。

● 火炭母草的莖和果實都可食。

● 水鴨腳（秋海棠科）。

有特殊香氣的野菜—— 昭和草

昭和草（菊科）是東部人，尤其是原住民最常食用的野菜，味道比茼蒿還要粗獷些，又名「野茼蒿」，熱水清燙醮醬油或裹粉油炸都不錯，而它全草還有治療高血壓、頭痛、便秘、外敷消毒腫（據說與咸豐草混合塗抹患處消腫效果更好）等功效。

● 昭和草是原住民最常食用的野菜。

可取代鹽巴的羅氏鹽膚木

別看羅氏鹽膚木（漆樹科）的果實髒兮兮的，表面上還覆蓋一層白色物！摘一小串來舔舔看，鹹鹹的，在野外可代替鹽巴，也能解渴。

排灣族人還利用羅氏鹽膚木的花養蜜蜂，用其木炭粉做火藥。而羅氏鹽膚木常有五倍子蚜蟲寄生，導致其異常生長，而此部份稱為「五倍子」，含有豐富單寧可供做藥材、墨水及鞣皮等用途。

● 魯凱族人稱為「猴子的鹽巴」的羅氏鹽膚木果實。

像果凍的幼蜂

曾在西部看過小販賣炸蜂蛹，聽說口感很好。有一次，一位布農族的學生家長則在我們面前拿起猶在蠕動的幼蜂，一口接一口地塞到嘴裡，看得我們個個目瞪口呆，他說：「水水的，像果凍。」

● 據說幼蜂的味道香甜多汁，非常可口。

已經封起來的蜂室是化蛹的幼蜂，蛹期是不進食的，只將蜂室封起來靜待轉變為成蟲。蛹即使不進食，還是需要適當溫度以轉變為成蜂，因此照顧幼蜂的成蜂會在蜂巢外維持蜂窩溫度以供蛹進行變態。

9. 用身體擁抱大自然

　　很多人總是習慣用視覺來觀察事物，而忽略了我們還有其他感官，包括嗅覺、味覺及觸覺，當你開始運用視覺以外的感官來接觸大自然時，又是一番全新的體驗。

● 大自然裡，葉子和花瓣是最容易觸摸到的生命，而且每一片葉子和花瓣都有不同的觸感。

● 到河邊或海邊玩時，別忘了摸摸那一顆顆大大小小、形狀各異的石頭，甚至可以用身體感覺每一顆石頭不同的溫度和質地呢！

● 玩泥土、抓泥巴的記憶是否也隨著童年的逝去而模糊了呢？從孩子快樂的表情，或許你也可以找個機會「撩落起」，重溫舊夢吧！

● 握一隻安靜的棕三趾鶉在你的掌中,毛茸茸而柔軟的觸感非常溫暖!

● 青蛇無毒溫馴,可以抓在手上把玩,其實一般大眾對蛇普遍存在錯誤的概念,你要親自體驗才能感受蛇並非滑溜或有刺。

● 秋日的午後,躺在收割後的稻草堆裡,用整個身體感覺大地的呼吸,多自在愜意啊!

● 找一棵高大粗壯的樹,用臉頰貼著樹幹輕輕撫摩樹的皮膚,用雙手感覺樹的紋路與質地,再用身體擁抱一棵樹,傾聽樹的語言,樹會帶給你安定的力量,你也會跟樹成為好朋友。

植物的繽紛世界

第二篇

1. 奇特的葉子

當你讀到這一頁時，請你暫時闔上書，拿一張紙及色筆畫下一片你印象中的葉子，畫完之後再翻開書。

在我教學及演講中所做的試驗結果顯示，綠色及長卵形是大家對於葉子最普遍的印象，然而葉子的形狀不僅變異性極大，葉脈及葉片的顏色更像是一張張蘊藏在榛莽荒漠中最原始的圖騰，引發人無限遐思。

2003.九.半
南安步道撿回的
一片枯葉 朵悠
已注意到
顏色的紋路的斑駁

● 這片葉子是朵悠在2003年9月，從南安步道撿回來的一片枯葉，當時未滿5歲的她已經開始注意到葉子的紋路及葉片上的斑駁色彩，並且一再地混色嘗試，希望將枯葉的顏色在她的畫筆下還原。

你可以引導孩子用眼睛、用手、甚至把葉子放在逆光中，閱讀一片葉子的脈絡與色澤。另外還有一種方式，撿拾一些殘破的枯葉放置於投影機上，一片片葉的榛莽圖騰的光影投射在牆上，再在投影機上重新將葉子排列組合，這是一種非常好玩的藝術欣賞與創作方式。

當然，多引導孩子用有趣的方式觀察大自然的流動與色彩，孩子筆下所呈現的圖像就不會那麼制式而刻板了。

● 這一片片造型各異、色彩斑斕獨特的圖騰，都是大自然的藝術家形塑而成的，也是我一次又一次彎身揀拾而來的落葉喔！

47

■　在這裡我還要介紹幾種葉子奇特的構造，有些是爲了避免水分散失，有些是爲了利於攀爬而演化而成的。

木麻黃的葉子其實不是葉

　　我們所看到的木麻黃（木麻黃科）細長的葉，其實是它的莖，若你用力拔開它的莖，它會從節處斷裂，那一圈微細看似短刺的部分才是它真正的葉子，這樣的特性能使木麻黃減少水分的散失，也正因如此，木麻黃被廣泛種植作爲防風林。

● 木麻黃的莖尖端看似短刺的部份才是它真正的葉子。

仙人掌的刺才是葉子

　　仙人掌的刺其實就是它的葉子，同樣也是爲了在荒漠乾旱嚴苛的環境中生存，而演化成針狀葉，以減少水份的散失。

● 仙人掌（仙人掌科）的針狀葉同時也具有防止大型動物吃掉它的功能。

相思樹鐮刀狀的葉是由葉柄退化而來

相思樹（豆科）是平日野外常見的樹種，它鐮刀狀的葉是由葉柄退化而來，真正的葉片已經消失，而它的葉子一生只長出一片，從圖片中可以看出它是屬於羽狀複葉。而相思樹的材質堅硬密緻，早期被人們用來製作成木炭、鐵道枕木及農具，高雄的「柴山」名字的由來也與它有關。

● 右邊是相思樹長出的第一片羽狀複葉，左側的葉片則看不見羽狀複葉的構造了。

卷曲攀附的變態葉

藤蔓類的植物能攀爬上磚牆、大樹或籬笆，這種能力的方法之一是它能將部分的葉形成卷曲狀，這些葉子在碰觸到物體的一面會生長較慢，使得葉向碰觸的一邊彎曲生長，進而攀住碰觸的物體。

● 圖中可以見到雙輪瓜（葫蘆科）成熟的果實，正常葉及卷曲的變態葉。

2. 此花非花

　　人間爭奇鬥艷的百花是通往天堂的天梯吧！站在一棵夏日盛開的的鳳凰花樹下，微風輕拂，朵朵火紅的花瓣雨翩翩落在身上，我彷彿已置身天堂的美麗境界了。

　　然而肩負繁衍種族大任的花兒可沒空暇理會我的浪漫呢！為了吸引視力不太好的昆蟲幫它傳花授粉，還必須發展特殊的策略，就來看看花兒們想出了什麼好計策吧！

● 大禹・廢棄的火車站前。

團結就是力量——馬丹櫻

馬櫻丹（馬鞭草科）因為單一枝花太細小了，所以一大叢聚集在一塊兒，數大目標才明顯，也好招蜂引蝶。而有些花則演化出碩大的萼片來，好昭示近視眼的昆蟲們：「我在這兒呢！」

● 這朵馬櫻丹的「花」其實是數十朵的花組成的。

九重葛的苞片常被誤認是花

很多人以為九重葛（紫茉莉科）最顯眼的部分是它的花，其實那是苞片，目前已有紫紅、粉紅、大紅、粉白、粉紫、橙黃等色彩，而它真正的花呈黃白色，含苞時為細管狀很像花蕊，開放後花冠似高腳漏斗小巧而不顯著，故常讓人誤以為外圍碩大的花苞即是花瓣。

花

苞片

● 九重葛紫紅色的部分是苞片，中間黃白色的部分才是真正的花。

玉葉金花的白色「花瓣」其實是白色葉狀瓣

葉狀萼片

花

● 白色的部分是金花玉葉的花萼，橘黃色才是真正的花。

　　有些植物須等到開花時方能讓人發現它的存在，茜草科的玉葉金花便是如此，而它最為醒目的白色「花瓣」其實是由花萼增大變成的白色葉狀瓣，具有吸引蝴蝶的作用，台灣原生的玉葉金花屬植物有四種，葉狀萼片多為白色，你也可以收集「玉葉」夾在書中當書籤，十分浪漫，另外，取其根莖加水煎服還可治療感冒、支氣管炎呢！

大花咸豐草的花其實是由一大束花組成的

　　大概很少人不曾被大花咸豐草（鬼針草）那具有倒鉤刺的黑褐色瘦果沾上身的吧！要清理掉還得費一番功夫呢！而這個厲害的倒鉤刺構造其實是宿存的萼片，並非果實本身。鬼針草旺盛的生命力讓人感覺它似乎一年四季都在開花，事實也是如此。

● 鬼針草是野外常見的植物。

而它的「每一朵」花可以說是由一大束的花依頭狀花序的方式所排列成的，內圈黃色的筒狀花能授粉，外圍的舌狀花也有放大花朵本身的作用。

● 鬼針草的花朵。

雖然鬼針草（菊科）的倒鉤刺挺煩人的，但它的葉子搗爛可治外傷、止血、收斂傷口，還可止癢，將其莖葉曬乾煮茶還是夏天清涼退火的飲品，用處多多呢！

月桃花序中黃色紅紋斑點的部分其實是特化的唇瓣

與野薑花同為薑科的月桃是民間極常利用的野生植物，它莖狀的葉鞘曬乾後抽絲可編製成草蓆或做繩索，亦可用來蒸粿、包粽子；種子用來做「仁丹」提神醒腦，花還可裹粉炸或清煮，滋味特好。

而它下垂的花序中明顯的黃色紅紋斑點的部分其實是特化的唇瓣。

● 月桃特化的唇瓣花序。

野薑花

我們眼中所見的野薑花那清新脫俗的白色花，嚴格說起來是由一部分的花瓣和雄蕊特化而形成，中間細長的花蕊又是由雄蕊與雌蕊共同組成。而野薑花也是一道美味的餐桌料理，混合其他野菜如龍葵、昭和草等一起入湯有淡淡清香，十分爽口。

● 氣味芬芳的野薑花。

黃槿

雄蕊特化成葉片或花瓣狀實際上是很常見的，例如，野生的朱槿（董葵科）原本是筒狀的花冠，但你去觀察具有重瓣的園藝種朱槿，翻翻看內部的花瓣上是不是有花藥的構造？如果你知道雄蕊的花絲是由葉片演化而來的話就不會覺得意外了。

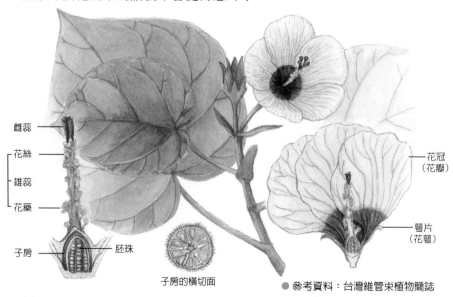

雌蕊
花絲
雄蕊
花藥
子房
胚珠
子房的橫切面

花冠（花瓣）
萼片（花萼）

● 參考資料：台灣維管束植物簡誌

54

3. 種子旅行的故事

　　每一顆種子都記錄了一個旅行的故事，有的靠自己的力量彈發出去，例如鳳仙花、羊蹄甲；有的御風而行，例如菊科的種子；有的搭人及獸類的便車，例如鬼針草、蒺藜草；有的大擺流水席，宴請蟲兒鳥兒，種子隨蟲鳥攜帶，藉此擴張生命的版圖。

　　種子的旅行形式及方向各有不同，有的走陸路、有的乘滑翔翼、降落傘；有的則寫下一頁頁航海的日記，例如：欖仁樹、林投、棋盤腳……，儘管種子旅行所搭乘的交通工具迥然不同，但最終仍是殊途同歸，只要種子落在適合它生長的地方，便能延續種族的生命。

乘降落傘旅行的種子

除了菊科的種子之外，很多夾竹桃科及蘿藦科的種子，例如：黑板樹、馬利筋、毬蘭……也是有著如細雪般的羽翼降落傘乘風飄揚。

● 菊科——黃鵪菜。

● 蘿藦科——鷗蔓。

乘滑翔翼旅行的種子

桃花心木、槭樹科及猿尾藤的種子，有著一片、兩片、三片翅膀，包裹著種子隨風飛翔，他們各有各的飛行方式，旋轉、滑翔、擺盪、左飄右逸……，觀看種子的飛行方式就像凝神欣賞一場又一場凌波舞者的精湛演出。

● 桃花心木（楝科）的種子。

● 樟葉槭（槭樹科，台灣特有種）的翅果。

● 猿尾藤（黃褥花科）的翅果。

如子彈般彈發的種子

● 洋蹄甲（豆科）的果莢。

豆科的種子則是讓陽光的溫度將它催熟之後，豆莢裂開後種子彈發出去，而有些小型的豆莢則會扭曲成螺旋形，線條優美而有力度。

卷曲的豆莢可以當玩具，例如：充當煙管、可以作爲藝術品來欣賞，還可以當髮飾哦！

乘船旅行的種子

在海邊生長的植物，如欖仁樹、棋盤腳樹及穗花棋盤腳的果實便是具有冒險精神的航海家，它的組織疏鬆，可漂浮在水面上，並抵抗海水高鹽分的侵蝕，而寫下一篇篇精采的航海故事。

● 棋盤腳（玉蕊科）的蒴果。　　● 欖仁（使君子科）的核果。　　● 檳榔（棕櫚科）的核果。

靠動物旅行的種子

有些植物果實鮮豔誘人，例如：山桐子、山櫻花；有些果實肉美多汁，如構樹、懸鉤子，有的相當多產，例如：稜果榕，吸引蟲鳥人獸來吃，動物食用過後吐出或排泄出植物的種子，無形中就幫了種子傳播的大忙了。

● 稜果榕（桑科）的隱花果。　　　　● 山桐子（大風子科）鮮豔可口的漿果。

4. 樹的容顏

　　樹皮保護著樹內部脆弱的活組織，而它也如人的長相有其特性，樹皮的獨特性也是辨識樹名的方法之一。

　　每一棵樹的容顏都值得好好仔細觀察，建議你用手觸摸甚至以身體擁抱一棵樹，更能體會樹皮特殊的質感。

會脫皮的樹幹

有些樹幹出現一塊塊雲朵般的斑駁圖案，是因為老樹皮和新樹皮顏色的差異所造成的自然紋路，例如：白雞油的雲狀剝皮。

有些樹在春夏生長旺盛的季節會出現樹皮明顯大規模的剝落，那是因為這類樹木生長快速，樹皮的生長週期是一年，每年都有新皮更新取代，同時由於樹皮內層的木栓形成層生長得很均勻，所以能在同一段時間內，將老樹皮都褪盡，例如：老是脫得光溜溜，又名「猴不爬」的九芎。

另外，像白千層的木栓形成層每年都會向外長出新皮，並把老樹皮推擠出來，但是它的老樹皮卻依舊戀眷地留在樹幹上，就是你看到的如書頁般層層剝落的樹皮，越是外層的皮年紀越大。

撿拾自然剝落的樹皮，還可以當作另類的書籤呢！

● 白雞油（木犀科）的樹皮。

● 九芎（千屈菜科）的樹皮。

● 白千層（桃金孃科）的樹皮。

有溝紋的樹幹

有些樹皮具有深痕溝紋，那是時間走過的軌跡，看起來極具滄桑感，例如：樟樹有深黑縱紋、楓香則有長塊狀溝紋。

● 楓香（金縷梅科）的樹皮。

● 樟樹（樟科）的樹皮。

長刺的樹幹

樹皮的作用主要是保護內部脆弱的活組織，還有禦寒避暑，防止水分蒸發、蟲菌侵蝕等等，而有些樹其樹皮會長出尖銳的刺，來抵禦野生動物的侵擾。

● 刺桐（豆科）在四月開滿火紅的花，但只能遠觀而不能狎玩焉，因其樹幹佈滿銳刺。

● 吉貝木棉（木棉科）樹幹上的刺是由樹幹表皮組織所形成。

5. 植物的生存策略

　　植物每天努力的生長，為的就是繁衍下一代。由於植物很脆弱又無法移動，所以它在面對惡劣的環境及蟲蟲危機時，為了能順利的開花結果，便發展出各種奇妙的生存策略來。

海濱地區的植物

　　海濱植物的葉片通常會形成一層厚厚的蠟質，例如草海桐（草海桐科）；有些則長有細毛，例如海埔姜（馬鞭草科），可防止海邊的鹽分對它造成傷害。

● 草海桐的葉片上有一層蠟質。

● 海埔姜長有細毛的葉片。

乾燥地區的植物

　　乾燥地區（如沙漠）的植物為防止水分散失，通常會將葉片縮小，甚至變成針狀，仙人掌就是典型的例子。

● 仙人掌呈針狀的葉片。

寒冷地區的植物

　　松樹的分佈自熱帶到近極圈附近都有，它們細針狀的葉片以及內陷的氣孔能減少水分的散失，因此即使是在冰點以下葉子依然可以行光合作用。

　　另外，你還可以做一個小實驗，取幾片松葉和一片小白菜葉同時放入冷凍庫中，半天後取出退冰，看看兩者的耐寒能力有何不同。

● 台灣二葉松（松科）。

風大乾旱地區的植物

　　木麻黃（木麻黃科）的葉子退化成針狀，以減少水分的喪失，因此能生存在風大乾旱的地方。

● 木麻黃的針狀葉子。

砂地的植物

　　濱刺麥（禾本科）通常都是成群生長在砂丘上，定砂性非常的強，它的果實呈放射球狀，有利於起風時，果實可以在砂地上滾動，讓種子傳播得更遠。

● 濱刺麥放射球狀的果實。

6. 植物的防禦術

　　在上一篇我們提到植物為了求生存而擁有許多過人的本事。這次我們再來看看，天生無法移動的植物，如何演化出各種防禦功能，來面對無所不在的蟲蟲危機及其他動物的侵擾。

用刺來保護自己

當你碰觸含羞草（豆科）時，它的葉子除了會因水分來不及輸送而閉合起來之外，還會出現哪些反應來保衛自己？原來，含羞草會露出整排的銳刺呢！

● 含羞草的莖上長滿銳刺。

而美人樹的樹幹（木棉科）、林投葉（露兜樹科）及雙面刺（芸香科）整株植物都佈滿銳刺，讓牛羊及蟲蟲找不到地方下手。

● 林投葉。

● 雙面刺。

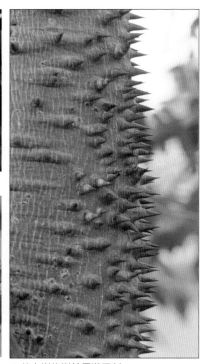

● 美人樹的樹幹長滿了刺。

用偽裝來保護自己

高氏馬兜鈴（馬兜鈴科）的葉片上佈滿黃色斑點，和鳳蝶的卵同色，這樣鳳蝶就找不到地方產卵，葉子也可以全身而退啦！

● 高氏馬兜鈴佈滿黃色斑點的葉片。

有毒的植物

咬人狗及咬人貓同為蕁麻科的植物，在咬人狗的葉上及咬人貓全株皆具有焮毛，若經皮膚接觸會分泌蟻酸類物質而產生燒熱刺痛之感，可用氨水稀釋或尿液沖洗，亦可折取姑婆芋莖葉的汁液塗抹於傷處，但效果不彰。另有一說，可用膠布將刺入皮膚內的焮毛粘出，再擦上止痛軟膏，疼痛立即消除。而我自己的經驗是未作任何處理，一週後疼痛自然就消失了。

● 咬人狗雌花花托為肉質，白色而呈半透明，味甜可食。東台灣的排灣族人的祖先用咬人狗的樹葉拍打犯規青少年的大小腿，讓犯規者牢記教訓，避免重蹈覆轍。

● 咬人貓全株皆具有焮毛。

還有幾科的植物大抵上是具有毒性的，例如：夾竹桃科（黑板樹、夾竹桃……）、大戟科（血桐、聖誕紅……）、天南星科（姑婆芋、芋頭……）、茄科（刺茄、雙花龍葵……）、蘿藦科（馬利筋……）、蕁麻科、漆樹科（漆樹……）等等。

另外有一個最簡單的辨識方法，即是你折摘其枝葉時有白色乳汁流出，那麼大多數是有毒植物，只要避免接觸到乳汁就ok了。

有些植物是接觸性的毒，有些植物則是食入性的毒，譬如「雞母珠」（豆科），若誤食其種子內磨碎的粉末，其中所含的毒蛋白，一顆就可能致人於死。所以，你若想品嚐野果、野菜的滋味，最好有充足的認識才能避免危險。

● 有些植物在葉子裡會摻一點毒或是難以下嚥的料，讓蟲蟲退避三舍──像大戟科、夾竹桃科的植物都有毒。緬梔（俗稱雞蛋花）就屬於夾竹桃科。

● 有白色乳汁流出的植物，大多有毒。

● 含有劇毒的雞母珠種子。

動物萬花筒

第三篇

1. 六腳動物世界

　　昆蟲是生命世界中種類最多的家族，如果把全世界已經命名的生物集合起來，四種生物中會有三種是昆蟲。昆蟲的特徵是全身分為頭、胸、腹三個部分，腹部長有三對腳和兩對翅膀，因為昆蟲綱幾乎都是六隻腳，所以又稱六足綱。牠的構造都是成對的，吃東西也是利用頭部的一對大顎和小顎以左右咬合的方式進食，和我們熟悉的脊椎動物，如魚、鳥和狗等以上下頜咬合很不相同。這就好比人的牙齒是上下長，而昆蟲是左右長的。

　　雖然昆蟲的種類最多，可是昆蟲幾乎只生存在陸地上，而且，即使是水生昆蟲，牠的一生之中總是要有一個時期需要浮出水面，非常深的水域像深海，是不會有昆蟲出現的。

　　就讓我們一起來找找看身邊有些什麼昆蟲吧！

蝴蝶

所有的人都會認為蝴蝶是美麗的昆蟲，但是美麗的背後常隱藏著危機，通常艷麗的蝴蝶會帶有些毒性，例如斑蝶科的昆蟲；而不起眼的小灰蝶很難捕捉，卻是沒有毒性的。

● 琉球青斑蝶帶有毒性。

● 台灣黑星小灰蝶沒有毒性。

蜻蜓

蜻蜓的一生都是肉食性，牠的稚蟲稱為「水薑」，在水中以水生昆蟲、魚及蝌蚪為食，成蟲則是空中的捕抓昆蟲的高手。蜻蜓的祖先在化石記錄中展翅可長達60公分長，那可是昆蟲世界中的巨無霸呢！

● 秋收前的稻田裏，成群的薄翅蜻蜓在空中巡弋，牠們正在為人類清除害蟲呢！

衣魚

　　衣魚一生皆不會長出翅膀，若用手抓牠手上還會留下銀色的鱗粉。牠們主要是吃食家中的書籍和衣服，所以看到牠們時，應該警覺到你的書或衣服是否太久沒有整理過了。

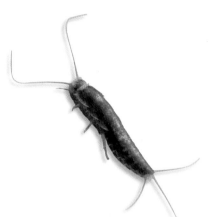

● 翻開舊書時是不是常常可以見到這種銀色小昆蟲，牠的名字叫「衣魚」，古時稱「蠹魚」。

螞蟻

　　螞蟻雖然是個惱人的昆蟲家族，但不可否認，牠們很能適應環境且擴散快速，尤其是那些與人為伍的螞蟻，像家中常見的法老蟻，牠只需要書本中的夾縫就能整個家族被帶著環遊世界，而後隨著人類的航空、水運在全球落腳。

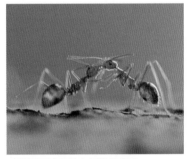

● 螞蟻是適應能力超強的昆蟲。

椿橡

　　椿橡覆在背面的前翅一半膜質，一半革質，所以這個家族在分類上稱為「半翅類」。半翅類是個生態棲地多樣的昆蟲家族，除了陸生種類外，像水黽會在水面划行，仰泳椿（松藻蟲）會以腹部朝上的方式潛水，紅娘華更是水中的能幹獵手，甚至海岸邊的潮間帶也常可以見到牠們的蹤跡。

● 大自然很會開玩笑，居然讓這蝦殼椿橡的若蟲長成矩形，看起來便不太可口。

2. 吃相百出

　　你曾觀察過別人的吃相嗎？有的人細嚼慢嚥，有的人狼吞暴食，有的人還邊吃邊口沫橫飛地高談闊論──觀察人也是挺有趣的事，然而卻不能太直接，因為那樣不太禮貌，但是觀察昆蟲時你只要屏住聲息，讓自己像顆岩石般安靜，就可以大剌剌地，在比攝影鏡頭還要近的距離微觀昆蟲的生態行為。

細嚼慢嚥，吃相優雅的蝗蟲

我從來不知道蝗蟲的吃相如此優雅，他舉起前腳高雅婉約地輕托樹葉細細地嚼——想想自己，唉！有時真覺得人不如蟲哪！

吃相難看的金龜子

吃相最難看的我想非金龜子莫屬了，他們幾乎是以倒栽蔥的方式狂吸苦楝樹液，一邊抬起後腳踢除前來搶食的對手，一邊還不忘灑泡尿，真是無理的傢伙！

吃同類的螳螂

最令我難忘的就是目睹螳螂若蟲因食物不足蠶食同伴的過程，先從後腳啃起，下半身還沒吃完呢！就將剩下的食物棄之不顧，然後從容地整理前腳細毛——真是有點浪費，又有點——殘酷。

● 蝗蟲取食的方式是咀嚼式。

● 金龜子是以咀嚼式的方式進食，牠們喜歡吃水果、樹液等食物，尤其是樹液，只要有野胡桃、台灣欒樹、苦楝等植物受傷流出樹液，都可以看到這群貪婪的傢伙聚集吸食。

● 螳螂取食的方式也是咀嚼式，牠以前腳的脛節和跗結牢牢的夾緊獵物，再送至大顎咀嚼。

吃壁虎的白額高腳蛛

白額高腳蛛是在室內活動最大型的蜘蛛，牠的主食應該是蟑螂才對，也許是蟑螂缺貨亦或是飢不擇食了，牠擒住一隻壁虎足足吃了兩天。

● 所有的蜘蛛都是肉食性，並且只吸食液狀的食物，因此獵物在被蜘蛛進食之前多少會被唾腺分泌的酵素先行分解為液狀，或嚼成肉泥之後，才被吸入口中。

吃斑紋鳥的人面蜘蛛

人面蜘蛛為台灣最大型的蜘蛛，其頭胸部的斑紋酷似人的臉，因而得名。而人面蜘蛛吃斑紋鳥的景象相信就更少見了，曾在學校看過兩次，連鳥都難逃法網，可見人面蜘蛛結的網韌性有多強！一隻斑紋鳥也夠牠吃一個禮拜了。

● 吃斑紋鳥的人面蜘蛛（鳥頭已經不見了）。

吃大便的小灰蝶

不要懷疑，你現在看見的就是一隻美麗的小灰蝶正在享用牠的糞便大餐，糞便中所含的礦物質、維生素及未被動物吸收的營養，都是蝴蝶所需的養分喔！不過還是很難把美麗的蝴蝶和糞便聯想在一塊兒，對不對！大自然真是無奇不有啊！

● 小灰蝶的口器是虹吸式，不用時可像玩具式的吸管捲縮起來。

3. 草地上的精靈

　　如果你住在都市，公園就是自然觀察的最佳地點。即使是一小片花草叢，都能發現許多有趣的生物。除了最常見的蝴蝶、蜜蜂，還可觀察到哪些草地上的精靈呢？請你不妨跟著我彎下腰來找一找吧！

螽蟴

螽蟴就是俗稱的「紡織娘」，牠經常在葉子間跳來跳去，非常容易發現。俗話說「紅水黑大扮」，如此大膽的配色只有大自然才敢用吧！

● 還沒成熟的螽蟴若蟲。

沖繩小灰蝶

你是否曾發現這類體型嬌小的沖繩小灰蝶在草地裡的數量很龐大？是否跟某種植物有關呢？沒錯！因為其幼蟲的食草就是草地裡極常見的植物——黃花酢醬草。

● 草地上常見的沖繩小灰蝶。

蝗蟲

在花草叢中還可以找到跳遠高手蝗蟲，牠擁有粗壯而發達的後腳，非常善於彈跳，同時牠的後腳上還有一整排的銳刺，那是牠遇到危險時的防身武器。

● 突眼蝗。

毛毛蟲

　　另外，毛毛蟲也是常見的草地動物。蛾及蝴蝶的幼蟲通稱為「毛毛蟲」，看到毛毛蟲先不要害怕，牠們有很多有趣的行為哦！

　　譬如說，我們曾在一塊小石頭上看到六隻毛毛蟲井然有序的接龍向前行，看得出哪一隻是領隊嗎？牠們繞了幾圈之後似乎是迷路了，於是更換領隊調整隊伍，再繼續前進。

● 排列有序的毛毛蟲隊伍。

茶斑蛇

　　而較豐富的野草地還會出現可愛的茶斑蛇，牠雖然無毒卻有攻擊性，還是離牠遠一點的好！

● 茶斑蛇無毒卻恨兇悍。

各式各樣的蕈菇

下過雨後的花草地，還有許多令人驚奇的生命呢！

只要土地比較濕潤，一顆顆蕈菇就從地底或樹幹之間冒出來，它們各有獨特的造型，在生物之間扮演「分解者」的角色。

我們食用的香菇、木耳，都屬於真菌類。真菌是以綿絮般的絲狀構造生存於土壤或水中，當它要進行繁殖時，會由這些絲狀構造聚成香菇、木耳般的子實體，再由子實體產生孢子，藉由空氣或水散佈到各個角落，再發育成絲狀構造成長。

● 桂花耳。

● 粘菌是一群很特別的生物，有時它會像真菌一樣長出子實體的構造來進行植物特有的孢子繁殖，有時又會像原生動物以變形蟲般的方式運動。

4. 鳥巢長什麼樣子？

很早以前我曾有過一個疑問，那些每天出現在我們身邊的麻雀、白頭翁、燕子等，晚上都睡在哪裡呢？

後來才知道鳥兒只有在繁殖季節才會銜草（或銜泥）築巢，其他時候都是隨便在枝頭上一蹲，就可以過夜了。

這一篇我想介紹幾種鳥兒築巢的材料及地點，讓大家對鳥的習性有更進一層的認識。

白頭翁的窩

　　白頭翁的窩很容易被發現，牠們習慣在與人同高的樹叢中築巢，白頭翁的窩約似一般碗的大小，若有機會找到空鳥巢，可觀察牠們做巢的材料，因牠們的活動範圍與人類的生活空間已十分融合，所以築巢的材料也會使用人工合成的非自然物，例如，塑膠繩、塑膠袋等。

● 白頭翁的窩。

麻雀的窩

　　麻雀做窩的地點經常會侵犯到人類居家的範圍，如冷氣機、熱水器、甚至是排油煙機的出口處。2004年夏天，麻雀三番兩次在我們的排油煙機出口處做窩，我們常在吃飯時觀察麻雀親鳥育雛的行為。麻雀是夫妻共同育雛，其中一隻體型較大的麻雀每次都是直接飛衝入巢去餵食，而另一隻則總是銜著毛毛蟲在巢的附近很警戒地東瞧西看，1、2分鐘後才飛入巢育雛，親鳥大約3、4分鐘即抓蟲餵食一次，你可以估算出來，從日出到日落約8至10小時，親鳥需餵食幾次嗎？數量有點驚人吧！看到親鳥如此馬不停蹄地辛苦育雛，即使麻雀窩會造成我們生活上些許不便，也可忍受了。況且幼雛約一週便會飛離出生的家，鳥巢就廢棄了。

● 小麻雀所住的窩是燕子去年所築的舊巢。舊巢壞了，小麻雀就跟著窩一起掉了下來。

81

燕子的窩

　　燕子夫婦很喜歡在屋簷下銜泥築巢，約1、2分鐘便來回一趟，十分辛苦。

　　不過許多人很歡迎燕子在他們家前面築巢，因為這代表此處很有福氣呢！

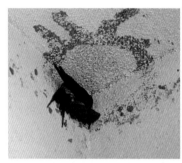

● 燕子夫妻辛苦地銜泥在屋簷角築巢。

鷦鶯的窩

　　鷦鶯喜歡在長草莖及灌草叢底層活動，牠的巢就築在芒草間，隨風搖曳，有點浪漫也有點危險呢！

● 鷦鶯的袋狀巢。

棕沙燕的窩

　　棕沙燕的家非常特別，就蓋在沙堆裡面。一堆不到2公尺高的沙堆裡，就有2、30個「燕窩」呢！

　　春天，在甘蔗園、蘆葦叢或因施工臨時堆起的沙垛中，經常可以看見數量驚人的棕沙燕聚集，天空中充滿了棕沙燕婉轉「嘖～～」的輕鳴聲，好不熱鬧。

● 棕沙燕築在沙堆上的巢，洞口向上傾斜，下部較寬，底襯枯草及羽毛。

5. 無所不在的蜘蛛

　　大多數的人對蜘蛛似乎都沒什麼好感，不是認為牠有毒，就是覺得牠很噁心。雖然蜘蛛基本上都是有毒的，至少對其獵物而言是如此，但是根據記載，全世界約有3萬種蜘蛛，卻只有20～30種可能對人體造成嚴重傷害，甚至死亡，出現在台灣的劇毒蜘蛛比例就更少了。一般說來，痛癢、傷口紅腫是人被蜘蛛咬傷後的普遍症狀，通常1～3天即會自然痊癒，但個人體質不同，對蜘蛛的毒性反應也會有所不同，只要你不徒手抓蜘蛛，就能避免蜘蛛的毒液，而且蜘蛛還會幫我們吃掉令人厭惡的蒼蠅和蟑螂等，說來，我們還得感謝蜘蛛呢！若是你多花點時間觀察蜘蛛，就會發現蜘蛛很多有趣的生態，而且他們長得其實也蠻可愛的呢！

偽裝成螞蟻的蟻蛛

　　蟻蛛偽裝成大多數掠食者都不喜歡吃的螞蟻，行進時還將第一對腳向前伸，並不時上下擺動，樣子就像覓食中的螞蟻，很高明吧！

● 這是一隻正在吃東西的螞蟻嗎？不，這是一隻蟻蛛正在吃長腳蜘蛛，注意看看，牠的第一對腳還模擬成觸角的樣子呢！

會畫圖寫字的蜘蛛

　　有些蜘蛛在結網時，還不忘勤練英文字，例如金蛛；有些蜘蛛很有藝術天份，喜歡一邊織網，一邊畫圖，棘渦蛛就是很好的例子——其實蜘蛛在網子上看來像是寫字或畫的圖，皆稱爲「隱帶」，研究指出，明顯的隱帶不但能防止飛鳥穿過而破壞網片，也可以反射紫外線，吸引昆蟲前來。

● 長圓金蛛的網。

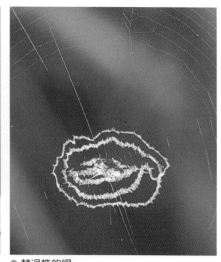

● 棘渦蛛的網。

帶著面具的蜘蛛

許多蜘蛛的腹部看起來都像一張有趣的面具,其實這是牠們的偽裝。

茶色姬鬼蛛像不像威嚴的法老王呢?牠還會隨著休息的背景改變體色喔!

● 茶色姬鬼蛛。

看似邋遢的塵蛛

這隻蜘蛛好像很邋遢,竟然把垃圾掛在網子上。仔細看!原來牠是把卵囊藏在吃剩的食渣中。大多數的塵蛛都有這種聰明的習慣唷!

● 別以為塵蛛不愛乾淨,這些看似垃圾的東西裡可藏著他的卵囊呢!

為傳宗接代不顧生命危險的金蛛

　　猜不到吧！右前方體型嬌小的蜘蛛，竟然是那隻中形金蛛的老公呢！為了接近母蜘蛛，雄蜘蛛的腳折損了，甚至還冒著被母蛛吃掉的危險，努力勇往直前。

● 對雄蛛來說，結婚生子真是一趟死亡之旅呢！

長得像鳥糞的大鳥糞蛛

● 看清楚，牠不是蝸牛而是蜘蛛喔！
大鳥糞蛛的腹部斑紋擬態成鳥糞狀，
這也是一種偽裝。

● 你看到躲在葉片下的大鳥糞蛛了嗎？
垂在牠兩旁像是果實般的東西是什麼
呢？

● 快點切開來看看！哇！上百隻若蛛隨
風而散。原來那兩個垂在葉片下狀似
果實的東西就是大鳥糞蛛的卵囊。大
部分的蜘蛛都會有護卵的行為。

開始新旅程的若蛛

　　離開卵囊的幼蛛稱為「若蛛」。若蛛從卵囊孵出後，度過一段群體生活，之後就得離開，免得因為過於擁擠、食物不足而互相殘殺。

　　若蛛除了步行分散，也會以空飄的方式分散。溫暖的日子裡，若蛛會先爬上植物末端，迎著風提起身體，藉風力將絲自絲疣拉出，然後乘著絲，飛到陌生的土地上，繼續生命之旅。

● 若蛛長大了，要各自展開生命的旅程。

6. 雨後的歌手

　　在水田邊、清溪旁，你是否有聽到「嘓、嘓、嘓……」或「給、給、給……」的聲響呢？那是雨後的歌手青蛙的叫聲。一般而言，青蛙只有公的會叫，這是為了展現牠雄性的魅力，牠的主要聽眾是眾多身旁的女主角，但是你、我，還有許多的動物也聽得到，所以這叫聲是一種機會，同時也是一種危機。之所以是機會，因為叫得越大聲，越能受到母蛙的青睞；之所以是危機，青竹絲、貓頭鷹等青蛙的天敵也都會聽到這些聲音。

　　蛙類是屬於兩生類，兩生類家族都必須產卵在水中，大部分的成蛙也必須利用潮溼的皮膚來呼吸，所以牠們不能遠離水源。成蛙能離水較久的屬於蟾蜍，在台灣常見的蛙可以分為會爬樹的樹蛙或樹蟾，以及出現在沼澤或溪邊的赤蛙或狹口蛙類。在台灣原生的有29種，有些還是台灣特有種呢！

黑眶蟾蜍

　　下過雨後的街燈下常常可以看到黑眶蟾蜍的身影，強光引來的各種昆蟲就是蟾蜍的大餐。不過蟾蜍還是得回到水邊產卵，夏天的水田就只有黑眶蟾蜍急促的「哇哇哇……」聲能和澤蛙的「嗝、嗝、嗝……」聲分庭抗禮了。

● 看看這隻黑眶蟾蜍，吃得肥滋滋的，一定很少運動。

澤蛙

　　澤蛙是平地最常見的蛙類，水田、溪溝、臨時性的水漥，都能發現牠的身影。牠們通常會集體發出「嗝、嗝、嗝……」的叫聲。

● 澤蛙是平地最常見的蛙類。

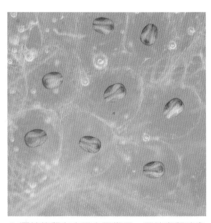

● 澤蛙的卵在水田中很常見，母蛙產卵時會將卵打散。仔細觀察不同卵塊，還可以觀察到蛙不同時期的胚胎發育。

樹蟾與樹蛙

樹蟾與樹蛙的趾端皆有膨大的吸盤，攀牆爬樹可是這個家族的看家本領喔！

● 中國樹蟾停在綠葉上是不是不容易被發現呢？

喜歡住在樹洞裡的艾氏樹蛙

有些青蛙喜歡小小的水域，即使是竹林間的樹洞也可以利用。艾氏樹蛙就是喜歡利用樹洞，雄蛙找到了適合產卵的位置之後便會大聲的告訴眾雌蛙們，接著就看雌蛙的選擇了。

● 艾氏樹蛙找到新家了。

台灣特有種褐樹蛙

　　有雙水汪汪的大眼睛，再加上
兩眼和吻間形成的三角形深色塊，
就不容易認錯台灣特有種褐樹蛙
了。雖然名叫「樹蛙」卻不容易在
樹上發現牠，牠喜歡在溪邊的石頭
上，當然街燈下容易吃的蟲子也不
能放過，這種燈下的覓食行為也許
是因人而改變的吧！

● 正在路燈下覓食的褐樹蛙。

正為傳宗接代努力的青蛙

　　對青蛙來說，一生中可能就交配那麼一次，所有要用力吸一大口
氣存在鳴囊中，再叫給眾女伴們聽，吸引牠們的注意。

● 看看這隻小雨蛙，為了婚事夠賣力了吧！

而且對於婚事他們可是一點都不馬虎，難得獲得雌蛙的首肯，他們就會緊抱著、絲毫不鬆懈。不過青蛙是不交配的，雄蛙抱著雌蛙是要刺激牠排卵，雄蛙同時再排精以達到受精的目的。

● 看看這隻拉都希氏赤蛙，連走鋼索時都不能放鬆。這對拉都希氏赤蛙我們目前一夜看到，次日一早依然維持同樣的姿勢。

不同物種的青蛙無法繁殖下一代

有些感情是不會有結果的，不同種青蛙的精子無法穿透另一種蛙的卵，使其受精，所以在自然情況下並不會基因混合，這是不同物種間的生殖隔離。

● 這隻深色的日本樹蛙抱到了淡色澤蛙，但是日本樹蛙的精子不能穿透澤蛙卵，所以無法使澤蛙卵受精。

7. 哺乳動物

　　在生物的演化舞台，大型生物對生態系占有非常重要的角色，一來牠的食量很大，能左右其他小型生物的生存，二來牠能改變地形地貌，改變整個生態環境的條件，大象便是如此。現今生存於世界上的最大型生物便是哺乳類，陸地有大象，水中是藍鯨。哺乳類成長過程中必須有母親餵哺乳汁才能成長，這也就是為什麼稱為哺乳類的原因。除了哺乳之外，牠們還有一些特徵：體表有毛髮，體溫維持恆定，牙齒具有門齒、犬齒、臼齒不同型式，會照顧幼兒，通常牠們也是胎生的。

人類的好朋友 —— 貓咪和狗狗

除了人類自己以外，最容易見到的哺乳類要算是狗和貓了，如果你家有貓狗的話，翻翻看牠的肚子上是不是有個肚臍，這個肚臍是所有胎生動物的特徵呢！

● 你家的貓咪有沒有肚臍啊！

食肉目的哺乳類動物

台灣的雲豹、石虎和台灣黑熊……都屬於食肉目，皆有突出的犬齒和適合切肉的臼齒，為了追捕獵物，因此牠們必須有兩眼長在前方所形成的立體視覺。但這個家族也有吃素的例外——貓熊。

瀕臨絕種的梅花鹿

以前台灣的平原及山麓到處都是梅花鹿，在清朝時期還曾經一年出口20萬張的鹿皮記錄，同時也造就了彰化的鹿港。曾幾何時，梅花鹿只能在動物園中看到。不過政府針對梅花鹿進行的野放計畫已經有了初步的成效，現在在墾丁國家公園的森林中也許能見到牠們的身影。

● 梅花鹿是台灣哺乳動物最重要的代表。

偶蹄動物

和人類關係最爲密切的哺乳動物要屬於偶蹄動物了，每天的餐桌上幾乎都有牠們的蹤影。所謂偶蹄類就是看牠們的腳，都可以看到有偶數的蹄，例如豬、

● 偶蹄動物是和人類關係最爲密切的哺乳動物。

牛、羊和鹿等。這一類的動物都是草食性，爲了防止被掠食者攻擊，牠們的眼睛都是長在頭的兩側，這樣會有最大的視角，看到四週的動靜。

唯一會飛行的哺乳類——蝙蝠

蝙蝠可以分爲小型和大型。小型蝙蝠以食蟲爲主，牠們有一套辨別方向的獨特方式，稱爲「回聲定位法」，是由牠們本身發出非常高頻率的聲音，牠接收到反射的音波便知道前方是牆或是昆蟲，因爲有回聲定位所以可在夜裡飛行。飛行和回聲定位都需要很多能量供應，牠們能在半小時之內攝取達體重三分之一的昆蟲，是環境中很重要的昆蟲控制者。

經常出現在恐怖片中的吸血蝠只有南美洲才有，而大型蝙蝠是吃水果的家族，牠們的感官主要是靠嗅覺和視覺，台灣也有一種叫「大菓蝠」。

● 蝙蝠是唯一會飛行的哺乳類。

和人類血緣親近的獼猴

獼猴和人類同屬於靈長類，有著發達的大腦和靈活的四肢。獼猴有嚴謹的社會結構和複雜的社交行為，你可以觀察到牠們除了打鬧之外，還有警告性的搖樹、相互理毛等行為，這也難怪人們會把活潑好動的小孩比喻成猴子。

靈長類的祖先都是樹棲性的，為了在樹間跳躍，牠們必需有立體視覺以判斷樹間的距離。

我們人類也有立體視覺，如何檢查自己的立體視覺呢？你可以做一個簡單的實驗：兩手握拳同時豎起食指來，而後將兩手伸向自己的前方且兩手保持平行，讓兩隻手的食指一前一後大約保持在五公分的差距，先閉起一眼由單一隻眼觀察，是否能判斷那隻食指在前？而後睜開雙眼再判斷一次，你會發現雙眼同時看的奇妙之處。

● 台灣獼猴雖是保育類動物，但在台灣的部分區域（例如高雄的柴山），已經猴滿為患了。

水裡的哺乳類動物

鯨魚和海豚是哺乳動物，牠們依然保持以肺呼吸和哺乳的特性，只是為了適應水中的生活，使得牠們長得像魚一樣。以往的漁民就知道海豚和魚有很大的不同，除了肉質和魚不一樣外，在屠殺海豚時就覺得牠們的內部解剖構造和豬較接近，所以就稱海豚為「海豬仔」。

現今的鯨類主要分為齒鯨類和鬚鯨類，齒鯨類為掠食性，行動敏捷主要以大型的魚類、烏賊或其他海洋哺乳類為主食，這個家族有小型的鼠海豚、海豚到大型的虎鯨、抹香鯨等。鬚鯨則以濾食磷蝦、魚與其小型海洋生物為生，牠們的食量很大，體型也很大，最大的藍鯨可以長到30公尺、150公噸以上，台灣比較容易見到的有小鬚鯨、大翅鯨等。

● 侏儒抹香鯨。

● 小鬚鯨。

● 參考資料：「海的巨人與精靈」掛畫。

98

8. 生人勿近—— **毒蟲篇**

　　接近大自然是很健康而且好處多得說不完的活動，但也有它潛在的危險，如果能夠多多認識大自然中危機的所在，並小心地避免，就能盡情享受大自然的美與豐富了。

有毒的蛾類

有些蛾類的幼蟲或成蟲，像是毒蛾科、刺蛾科、枯葉蛾科及部分的燈蛾科，身上長滿細長的毒毛，若不小心接觸到這些細毛，皮膚就會紅腫刺癢，一般約莫一星期症狀會自然消失，我的經驗是塗蜂膠可減輕症狀。

● 圖為一種刺蛾科的幼蟲，棘刺中有毒液。

有毒的斑蝶

斑蝶類的幼蟲吃的植物具有毒性，並且把毒性堆積在體內，一直保留到成蟲。若是鳥類吃到這些斑蝶，就會嘔吐、腹瀉，下回再碰見斑蝶可能就會踩煞車。

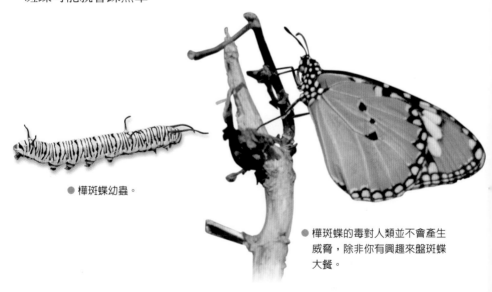

● 樺斑蝶幼蟲。

● 樺斑蝶的毒對人類並不會產生威脅，除非你有興趣來盤斑蝶大餐。

有毒的鞭蝎

鞭蝎在外形上與毒蝎非常相似，但鞭蝎腹部末端有一細長的尾鞭，故鞭蝎目又名尾鞭目。鞭蝎白日大多藏匿在石頭下，夜晚才出來覓食，台灣各地山區常可發現。

當鞭蝎受到侵擾時，尾鞭的基部會噴出含有濃烈醋酸味道的液體來驅敵。

● 鞭蝎的尾鞭基部會噴出含有濃烈醋酸味道的液體毒素。

有毒的隱翅蟲

有些昆蟲體表無毒，觸摸不會有傷害，有毒的是牠死後滲流出的體液，蟻型隱翅蟲就是這類的毒蟲。若皮膚不慎接觸到隱翅蟲的毒液，不但會產生紅腫潰爛似火灼傷的現象，而且奇癢無比，恢復期也很長。

搬來東部後，隱翅蟲夏夜幾乎天天趨光入屋來，而我也在睡夢中被牠侵擾了幾次，結果都是癢了一個月才消失。所以鄉居夏夜掛蚊帳，多少會有些幫助。然而喜歡恣意捏死蟲子的人，也得改一改這個壞習慣了。

● 蟻型隱翅蟲的體液有毒，若皮膚不慎接觸，會引起潰爛現象。全世界已知的隱翅蟲種類達兩萬七千種之多，但真正引起皮膚潰爛，只有少數幾種而已。

有毒的蜂類

蜜蜂是很勤勞但也非常凶悍的昆蟲，當你在花叢間與牠們相遇時，可不要太輕忽喔！若是不小心招惹了牠而被毒針螫傷時，最好盡速離開，因為蜜蜂在螫人之後，會分泌一種「警戒費洛蒙」，而附近的同伴若聞到此種氣味，便會趕來支援，那可就不太妙了。而胡蜂更是生性凶殘、毒辣，因其蜂巢不僅築於樹上，甚至在不顯眼的地洞中，若不慎觸動牠們，則會傾巢而出以毒針攻擊，因其螫針與毒腺相連，若大量毒液注入體內，可能就回天乏術了。

● 黃長腳蜂。

● 赤尾青竹絲是台灣常見的毒蛇之一，容易與無毒的青蛇（P44）混淆，牠的特徵是有三角形的頭部，身體兩側有縱貫全身的白線，而且尾部為磚紅色。

有毒的蛇

說到毒蛇幾乎人人都怕牠，怕牠是對的，這樣對人及蛇都好。台灣常見的毒蛇有龜殼花、赤尾青竹絲、眼鏡蛇、百步蛇和雨傘節，另外東部常見的還有鎖鏈蛇。一般而言，毒蛇的天敵較少，所以行動緩慢，在路上看到行動緩慢又會回頭瞪你的蛇最好別惹牠，若不小心被毒蛇咬傷，最重要的就是看清是那一種蛇，而後迅速就醫施打毒蛇血清急救。相反的，看到人就慌張逃竄的大概就是無毒的蛇。如果你能確定是無毒的蛇，把牠放在手心上玩，你會發現蛇也是很溫馴的。

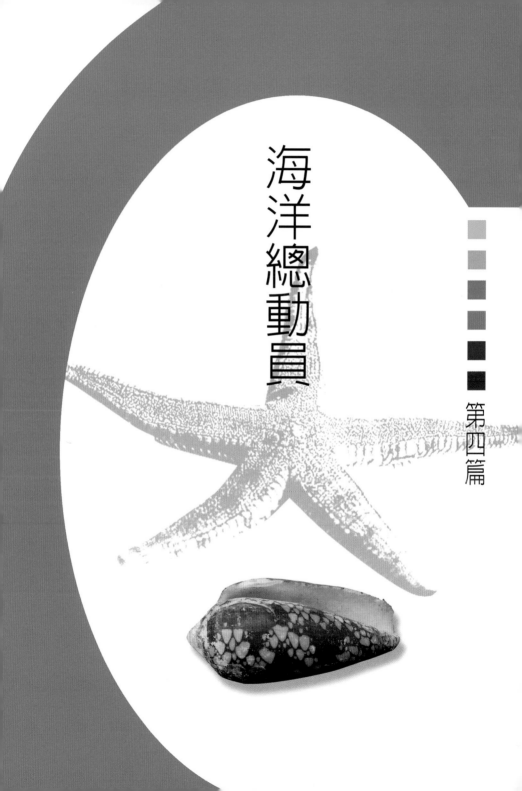

第四篇

海洋總動員

1. 充滿危機與生機的潮間帶

　　海水受到月球及太陽引力的影響，加上地球的自轉，使得站在岸邊可以感受到每天有一到兩次的海水漲落。海岸邊長期在海水浸泡與空氣曝露交替的區域便是潮間帶。

　　潮間帶是一個充滿危機的地方。

　　每日的潮起又潮落，生命必須忍受海水的浸泡與乾旱；冬季的東北季風及颱風造成的大浪襲擊，一次次地帶走無以數計還沒穩固的生命；加上日日的陽光曝曬和冷風帶來的寒凍，都在考驗這裏所有的生命，要能立足於此，除了生存能力之外，運氣也十分重要。

　　潮間帶同時也是一個生命轉機的地方。

　　正因為此地帶佈滿危機，陸地的掠食者不敢靠近，海中的殺手無法入侵，這裏便成為魚苗的避風港；眾多生物的喘息區。這樣的危機與轉機，正是生命演化舞台的新希望。

陽燧足

陽燧足屬於棘皮動物，全身外表由骨板構成，觸摸的感覺硬硬的。棘皮動物還有一項特徵是它們有管足的構造，這些管足長得像管子而功能是用來運動，它們的行動便是靠成千上百的小管足來達成的。

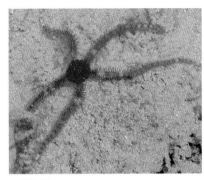

● 陽燧足。

海星

海星也屬於棘皮動物，通常有五隻腕，像澎湖常見的「飛白楓海星」，但也有些是沒有腕的，例如在台灣只有萬里桐可以見到的「擬小淺盤步海燕」，只有約一元銅板大而已。

● 飛白楓海星。

● 擬小淺盤步海燕。

● 擬小淺盤步海燕。（腹面）

海參

　　海參是珊瑚礁岩岸的常住民，在恒春、小琉球和蘭嶼等地的潮間帶都很容易見到牠的身影。海參口部的觸手是牠進食的工具，尾端有個泄殖腔，有些種類的泄殖腔還會有魚住在裏面呢！

● 蕩皮參遇到危險時會先從泄殖孔排出一種像強力膠一樣的粘性物質，使想攻擊牠的生物退步；若牠還是持續受到攻擊，牠會將整個內臟排出，再利用掠食者吃牠的內臟時緩緩的逃離現場。海參用管足運動，所以也是棘皮動物家族。

● 黑海參會利用身邊環境的沙子將自己全身裹住，這樣比較不容易被掠食者發現。

● 看起來好像是海中的蛇呢？別擔心，這是一種稱為「斑錨參」的海參，牠像是灌滿水的氣球，只是皮膚表面佈滿了錨狀的針骨，抓牠時會覺得皮膚好像被粘住似的。

螃蟹

　　螃蟹有著扁扁的身子，很適合躲在岩縫之中，也是潮間帶常見的家族之一。牠們在潮間帶生態系主要扮演清除者的角色，也就是牠們以動植物的屍體殘骸為主食，有了牠們海岸就不會看起來髒兮兮的。

● 環紋金沙蟹。

石蓴

　　潮間帶的植物最好不要長得直挺挺的，否則大浪一來準是斷臂折腰，若能隨波逐流是最好了。潮間帶最容易見到就屬圖中的石蓴了，潮水退去時它能忍受大量的脫水，潮水來了軟軟的身子又不怕浪打，薄薄的葉子形狀植物體長得夠快不怕浪打蟲啃，這可是潮間帶生物的重要食物呢！

● 肝葉饅頭蟹，牠具有極佳的保護色，你發現牠了嗎？

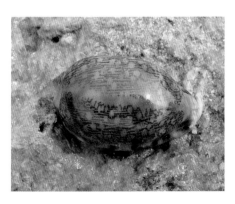

● 圖中的阿拉伯寶螺四周都是石蓴。

真蟄蟲

　　住在潮間帶若能躲在岩石中那就最安全不過了，這個身體有很多帶狀的東西是什麼呢？牠是住在岩洞中的一種多毛類，稱為「真蟄蟲」，這些帶狀的構造主要用來攝食，平常身體就躲在岩洞中。多毛蟲是一種類似蚯蚓的蠕蟲，身體皆由一個個的環節所構成，兩者皆屬於環節動物，只是多毛蟲身上長了很多長毛，而蚯蚓身上的是必須在顯微鏡下才看得見的短毛。

● 圖中白色帶狀的生物即為真蟄蟲，牠能在珊瑚礁上鑽入數十公分的洞。

扁蟲

　　這是能依石頭凹凸表面爬行的扁蟲。扁蟲是一種很薄的動物，氧氣直接利用皮膚交換而不需要呼吸器官，而牠的消化器官只有一個開口，吃入和排出都由口負責。當牠平貼在石頭表面不動時，是很難發現牠的。

● 石頭表面怎麼會動呢？原來是扁蟲啊！

2. 軟體動物的世界

地球上生物種類的第二大家族就是軟體動物。從名稱來看就可以知道牠們的身體特徵，不過既然身體是軟的，為何能登上第二名，那第一名又是誰呢？若以科學上動物界以下的各個門來看，第一名是屬於骨骼長在外頭鐵甲武士型的節肢動物，例如昆蟲、螃蟹。第二名也有點類似第一名，只是牠們這身鐵甲不是外衣而是殼，遇到危險才躲起來，所以這個家族最興盛的成員是有貝殼的，只不過美麗的貝殼卻成為人類覬覦的對象。

貝殼的原料是海水中溶解豐富的碳酸鈣，軟體動物能吸收海水中的碳酸鈣，再由牠身上的一層特殊構造──外套膜──來製造出屬於牠自己特有形態的外殼，正因如此貝殼會逐漸長大，這與節肢動物必須脫殼才能長大是不一樣的。

大部分的軟體動物也和多數的海洋無脊椎動物一樣，是個狠心的父母。這些父母產完卵後是不照顧下一代的，當卵孵化後的幼蟲有很長一段的浮游期，這段浮游期會讓這些「小孩」漂流到世界各個海域，等到時機成熟才落戶成家。

當然這時候的「小孩」是最無助的，絕大部分都會成為祭品被其他生物吃掉，或者是降落在不適當的海域而不能存活，但是一旦能成功的著陸，牠們會依循著父母親相同的路線前進。這個浮游現象，使得海洋生物必須產上許多的卵，牠們幾乎都是全球分布而少有地區性的特有種。

非洲大蝸牛

　　非洲大蝸牛是田野及家中院子很常見的陸生貝類，雖然此外來種會吃小蝸牛（包括原生種）及農作物而不受歡迎，但是在台灣東部、離島卻是很多人餐桌上的最愛。陸生的貝類要獲取碳酸鈣不像海中貝類那麼容易，這是因爲泥土或砂地主要是由石英、長石等礦物組成，偏偏就缺乏貝殼所需要的石灰岩，因爲難以取得使得陸貝的殼都長得很薄。

● 非洲大蝸牛會在石縫或草叢下產卵，有些地方甚至有人專門飼養以供食用。不過牠不耐水性，落入水田就會淹死。

蛞蝓

　　蛞蝓是屬於無殼的蝸牛族，牠們會分泌大量的粘液使得自己的體液不容易散失，再則那種充滿粘液的體型看起來就不怎麼可口，天敵也不是很多，遂不太需要殼的保護。不過還是有動物會吃牠，像台灣鈍頭蛇就以蛞蝓爲主食。

● 無殼的蝸牛——蛞蝓。

寶螺

　　貝類堅硬又有光澤，尤其是寶螺，史前時代內陸地區並不易取得海貝，寶螺可能是最早的天然貨幣，據說當時在非洲一個金環寶螺可以買一個女傭呢！活的寶螺在行動時牠會以外套膜將自己整個包裹起來，所以寶螺的殼表始終可以保有牠亮麗的光澤。

● 圖中的金環寶螺顯然是受到芋螺之類的殺手攻擊，大難不死之後不知道有沒有其他的福分了。

芋螺

　　美麗的外衣下也可能暗藏劇毒，芋螺便是如此。芋螺的外型很好認，整個螺體呈現圓錐形，牠們皆為肉食性。芋螺在攻擊時會伸出牠細長的毒針將獵物麻醉，大型的芋螺如「殺手芋螺」、「宮廷芋螺」等能長到如一個成人的拳頭大小，其毒性足以要一個小孩的命，所以在海邊不可不慎。

● 宮廷芋螺。

岩螺

岩螺顧名思義就是長得像岩石，潮間帶很容易看到，牠們喜歡在高潮線的附近以岩石上的藻類為食。岩螺這種潮間帶的貝類其殼表不規則，能夠反射太陽光，因而減少酷熱所造成的傷害。

● 鐵斑岩螺。

二枚貝類

貝類的另一大家族是具有兩枚貝殼的種類，一般稱為二枚貝，例如我們常吃的文蛤、牡蠣等。其實所有的貝類在胚胎發育的過程都會歷經兩枚貝殼發育的階段，只是二枚貝在發育的過程中兩枚殼對稱發育，螺類則是一枚發育以供藏身的殼，另一枚則發育為口蓋可以把開口關上。

● 二枚貝的種類繁多，平日常食用的有文蛤、櫻蛤、菜蛤等等。圖中的二枚貝稱為「紫晃蛤」，棲息在台灣西海岸淺海區，牠的殼面同時具有放射狀及輪狀線條，殼內還有紫色斑呢！

3. 魚兒水中游

「魚兒魚兒水中游」，不在水中的生物大概沒有人會認為牠是魚了。沒錯，基本上所有的魚都是生活在水中，雖然也有些魚能暫時的離開水面到空氣中透透氣，只是對大部份的魚來講會有致命的危險，因為牠們以鰓來呼吸，若是離開水中過久便會失去呼吸的能力。

魚類以骨骼加以區分，可以分為軟骨魚和硬骨魚，軟骨魚最大的家族就是鯊魚了，牠們全身都是軟骨，所以在品嚐牠們時不會被刺傷，只是牠們骨子雖軟，動作卻一點也不含糊，做為一個出色的殺手，致少也稱霸海中兩億年以上了。這類軟骨魚人們最常食用的就屬鯊魚鰭上的骨骼——魚刺。

硬骨魚則是後生之輩，比軟骨魚多了魚鰾這項利器之後便可以在水中調整牠的浮力，而在海中上上下下、溯溪而上，甚至還練就出爬行的功夫來越過旱地尋找桃花源，幾乎地表有水的地方皆有牠們的蹤跡。

瀕臨絕種的鮪魚

「金槍魚」又叫作「鮪魚」，看看牠那像子彈般的身軀就知道這些傢伙是水中的飆車族。鮪魚是餐桌上的常客，尤其是生魚片通常少不了牠，早餐店裏不是也有「鮪魚三明治」嗎！這些年來全球漁業過度捕撈的問題越來越嚴重，不少種類的鮪魚也面臨絕種的生死存亡關頭了。

● 有些鮪魚因為人類大量獵捕，已經面臨絕種的危機。

雙眼長在同一邊的比目魚

如果你是非素食者應該都吃過魚吧！在吃魚的過程中有沒有發現魚肉都分布在兩側，吃完一邊要為魚翻身？魚的肌肉分布在兩側，牠們以兩側肌肉輪流收縮，尾鰭就必須垂直才能擁有強勁推力。相對的，鯨類是以背肌和腹肌來收縮，尾鰭便

● 這種魚是比目魚的一類，因為形狀像舌頭，長20～30公分，所以又被稱為「牛舌魚」。這種魚的雙眼都長在右側，是不是很特別呢？

要呈現水平才有足夠推力來前進，這是和一般魚類不同的地方。

比目魚在幼魚時期與一般魚相同，眼睛位在身體的兩側，游泳方式也相同，只是長大後依種類不同，有的雙眼會同在左側或右側。

水陸兩棲的彈塗魚

彈塗魚在紅樹林及一些河口、港口的礁岩上都很容易見到，牠有特化的魚鰭可以攀岩爬樹，有特別的構造可以在空氣之中呼吸，只不過牠們還是得不時的回到水中把皮膚和鰓弄溼。

● 彈塗魚。

和海葵共生的小丑魚

小丑魚住在海葵上，身上有著黃黑交錯的鮮豔顏色，那可是在告訴大家牠不是好惹的喔！海葵長有一條條帶有毒性刺細胞的觸手，而小丑魚體表具有與海葵表面相同的物質，因此海葵並不會吃掉小丑魚。而小丑魚對海葵的報答則是清除海葵身上的髒污，這是典型的互利共生。

● 白條海葵魚是小丑魚的一種。

凶惡的黑斑裸胸鯙

有沒有看見珊瑚底下有隻犀利的眼睛正瞪著你看呢？這是「黑斑裸胸鯙」，雖然牠不是很兇猛，但是你可得小心牠那銳利的尖牙，那可是能咬斷手指的。

● 黑斑裸胸鯙。

大眼睛的天竺鯛

天竺鯛都有雙大眼睛,像圖中的「雙點天竺鯛」有條很粗的過眼線,使得眼睛位置不清楚而不容易被攻擊到要害,同時尾端的黑點也容易讓掠食者誤認為是眼睛。另外,天竺鯛是少數會護卵的魚種,而且大部分都是由雄魚將卵含在口中孵化,就是一般稱的「口孵魚」。

● 雙點天竺鯛。

體態扁平的魟

魟是一種砂泥底棲的軟骨魚,在台灣都是被底拖漁船捕魚時捕獲,在西部各沿海的魚市場常可以零星見到,但在傳統市場就不易見到了。

魟形態扁平,兩側寬廣的部分是由胸鰭特化而來,因為牠是底棲性的,所以就不能像一般的魚呼吸時將水由口導入,取而代之的是眼後有一對噴水孔供呼吸的進水用。

在觀察魟時要注意牠的尾部有背鰭特化的毒棘,被掃到是會中毒甚至要人命的。

● 赤魟。

4. 萬物之母──美麗的海洋

　　台灣因為四面環海可以穩定氣候，所以溫差不至於像沒有海洋靠近的內陸沙漠那樣大。而大海因為充滿了水，水的比熱很大，一天內的溫差很少相差超出兩度，這對生物而言是很穩定的環境。雖然最早的生物是自海洋演化而來，不過穩定的環境卻不是演化的好舞台，許多數億年前演化出的生物，例如：鯊魚、海百合、鸚鵡螺等，依然優遊在大海之中，因此進入海洋就宛如走入生物演化的時光隧道，看到的是各種生物的原始狀態。

石珊瑚

珊瑚是腔腸動物的一種。有的珊瑚能吸收海水中的碳酸鈣形成自己的骨骼，這種珊瑚稱為「石珊瑚」。大部分的珊瑚是由一隻隻水螅狀的珊瑚蟲所聚集而成，並由珊瑚蟲以分裂或出芽的方式增加個體而逐漸長大。許多珊瑚都有集體產卵的現象，台灣大約是在每年的農曆3月15附近。集體產卵的時候所有會吃卵的動物全都出動，但是集體產卵的結果還是讓大部分的受精卵能逃離被吃的命運。這種現象已是億萬年演化下的天然奇觀。

● 雙星珊瑚。

● 圖中的每一個小圓圈範圍內是一隻珊瑚蟲，不過請你仔細瞧一瞧，這一大群的環菊珊瑚，是否發現有一些珊瑚蟲有兩個口呢？那是正在分裂中的珊瑚蟲，珊瑚群體就是利用這種方式增加珊瑚蟲個數而長大的。

● 圖為傘軟珊瑚。

軟珊瑚

珊瑚的另一個家族是不形成碳酸鈣質的骨骼，這一群稱為軟珊瑚。大部分淺海水域的軟珊瑚和石珊瑚都具有共生藻與珊瑚體共生，珊瑚提供這些單細胞藻類棲所，而共生藻會提供能量給珊瑚，幫助珊瑚吸收海中的物質，牠們是互利共生的關係。如果環境變得不適宜共生藻進行光合作用，例如：海水混濁、水溫太高或太低、海水污染……等，共生藻便會逐漸遷出珊瑚體，那珊瑚的死期亦不遠了。

大旋鰓蟲

這種大旋鰓蟲是珊瑚礁的破壞者,牠們會在珊瑚礁鑽洞住下來,平時牠會把自己五顏六色的羽鰓伸出來呼吸和攝食,遇到危險就會縮進洞裏,如此能傷害牠的生物就不多了。

● 看起來像不像聖誕樹?有橙色的、灰色的及淡褐色,這些都是大旋鰓蟲。

藤壺

藤壺、螃蟹等都是屬於節肢動物的甲殼類,大部分的節肢動物都有很高的活動力,只是藤壺這個家族是固著生活,牠們可能是固著在岩石,也可能固著在鯨魚的身上到處漫遊。藤壺具有特化的網狀附肢不斷的伸出來捕抓水中的浮游生物,當牠捕食的食物多就長得快,但是生長在高潮線的種類就長得慢。

● 這是和大旋鰓蟲類似的多毛類——旋毛管蟲。

● 藤壺看起來像是牡蠣類的軟體動物,然而牠卻是螃蟹的親戚呢!

海綿

　　海綿被定位成動物不過是百年來的事。嚴格說來海綿類似一大群細胞的集合體，這群細胞可以將水流引入海綿內部，所有的細胞就攝取水流帶進的食物和氧氣。海綿的內部會形成針骨或海綿絲，具有海綿絲的種類就是被人類利用的海綿。

● 圖中紅色部分為紅旋星海綿。

海百合

　　海百合看似一朵花，但牠卻是道道地地的動物，和海星都是屬於棘皮動物。海百合利用伸出的觸手攝食，底部有管足可以運動，因為看起來很不可口，即使運動得很慢也無所謂。

　　在台灣各地的珊瑚礁海域，尤其是小琉球，只要浮潛就可以欣賞到牠們燦爛的身姿。

● 上方三張圖都是海百合，每一種是不是都色澤鮮麗，而且外型差異很大呢！

5. 溪邊探險去

　　炎炎夏日頂著炙烈的太陽汗水直流，最痛快的事莫過於跳進一條清澈的溪水中，浸個全身透心涼——但是，到溪邊除了玩水之外，若能在事先做一些準備，包括觀察箱、手操網及水生昆蟲圖鑑等等，相信你在享受溪水的清涼爽快之外，更能增添一份知性的驚奇與趣味。

　　在出發之前，你要先準備透明觀察箱及手操網，另外要穿著雨鞋、薄長袖、短褲（容易往上摺的長褲也可以）及戴帽子，以免被毒辣的太陽曬傷喔！

著手做觀察

從溪流中揀起一顆石頭，放進裝了少許溪水的觀察箱中抖一抖，瞧！許多小生物都抖到水中了，可以好好地觀察箱子裡面有些什麼東西，也可使用手操網來捕撈，看看我們抓到了什麼！

● 手操網。

● 把石頭放在水中抖一抖。

● 瞧！許多小生物都抖到水裡了。

水蠆

這兩種水蠆，雖然外型差異很大，但食性卻差不多，都是以小魚、蝌蚪及其他水生昆蟲為主食的肉食性昆蟲。

● 這種是蜻蜓的水蠆。

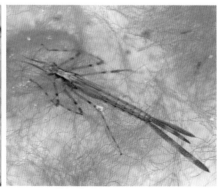
● 這隻則是豆娘的水蠆。

水黽

在池塘、溪流中常可看見於水面上划行的昆蟲，牠就是水黽。水黽很少飛，主要以第二對和第三對腳在水面上行走，第一對腳是用來處理食物的。牠們專門處理掉落水面的昆蟲，而後用牠針狀的口器吸食獵物的體液。

● 可在水面上行走的水黽。

石蠅

在石頭上可發現大量石蠅蛻殼，牠們有些是草食性，有些是肉食性。牠們也是溪流中的魚類、鳥類非常重要的食物，你可曾在溪邊看過河鳥、鉛色水鶇下水捕獵的英姿？大自然的食物鏈是環環相扣，缺一不可的。

● 石蠅這種水生昆蟲常是溪流污染的重要指標，只要有石蠅的存在就算是乾淨的溪流了。

蜉蝣

夏日的路燈下很容易見到蜉蝣這種昆蟲的身影，牠們常常靜止不動，似乎在等待，等待生命的結束。許許多多的昆蟲其成蟲的生命之所以會那麼短，是因為這個階段只有一個目的——完成交配及傳宗接代。有些昆蟲的成蟲，像划水搖蚊（*Pontomyia* spp.），成蟲的生命甚至短到只有一、兩個小時而已，相較之下蜉蝣成蟲有兩、三天的壽命還算長了呢！

● 給人朝生暮死印象的蜉蝣。

石蠶蛾稚蟲

　　拿取一顆溪流中的石頭翻過來瞧瞧，會發現躲在石頭底下的石蠶蛾幼蟲，利用其體內發達的絹絲腺分泌絲液，努力攔住被溪流沖刷下來的藻類或碎石，築成不同造型的房子，並且運用高明的保護色偽裝自己。

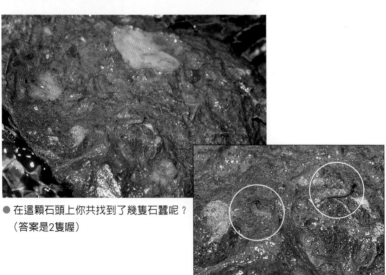

● 在這顆石頭上你共找到了幾隻石蠶呢？
　（答案是2隻喔）

四季的饗宴

第五篇

1. 尋訪春天的花仙子

　　春暖花開時節最適合全家出遊了，木棉的橘、印度紫檀的黃、刺桐的紅，還有台灣百合的純潔以及杜鵑花的繽紛顏彩……大地為我們鋪展了無數塊麗奇異的色彩，千萬別錯過了！

山上的春天自然美景

　　四月的關山越嶺古道，毛地黃開得一片又一片，就像是迷霧森林裡的花仙子。毛地黃（玄參科）原產於歐洲溫帶地區，最早於1911年由日本人引進台灣，原本只作為林區辦公室外的觀賞花卉，現已馴化在山野間繁衍成片。其葉具有毒性，同時也具有強心、利尿的功效。

● 盛開的毛地黃。

● 暮春時節，高山的楓樹似火焰般燃燒它新生的青春。

身邊的春意

　　想拜訪花仙子，其實不必千里迢迢跑到高山上，在城市裡的公園、街道也能看到百花齊放的美景喔！

● 有一句詩是這樣寫的：「忽如一夜春風來，千樹萬樹梨花開」。苦楝花開的時候就是這般景象，它們像約好了似的，一夜之間全開了。
苦楝樹（無患子科）是台灣特有植物，果實是鳥類喜愛的食物，也是早期的孩童拿來當作子彈的玩具。

● 在尋訪花仙子的同時，也別忘了觀察穿梭在花叢間的生物，看看生物們在花叢間做什麼？
你瞧！這朵碩大的向日葵上正停著一隻美麗的黑端豹斑蝶呢！
（黑端豹斑蝶—蛺蝶科，其幼蟲的食草為菫菜類植物）。

● 桂花（木犀科）一年大抵開兩次，一次約在暮秋，一次從冬日開到春天，香氣濃郁。如果你有那份閒情逸致，不妨泡一壺新鮮的桂花茶，把春天的氣味吃到嘴巴裡，也別有一番風味。據說桂花煎水服用可生津化痰、鎮痛止咳、治療牙痛，對胃病也頗有療效。

放低身段尋找春天

　　近代環境保育之父──李奧・帕德曾經說過：「只有雙膝跪在泥土上尋找春天的人，才會發現到處都有它的蹤跡。」同樣的，只有跪在泥土上，你才能看見長在地上的美麗野花。

● 姬牽牛（旋花科）。

● 黃鵪菜（菊科，嫩莖葉浸一夜鹽水去苦味，可川燙水煮；花蕾連梗可切段醃製成泡菜）。

2. 夏日的盛宴

　　受到春日溫暖氣息的召喚，蟄伏地底的動物紛紛出來活動。蜥蜴談戀愛、鳥兒辛勤築巢、樹上的昆蟲也破卵而出——春天真是忙碌的季節！氣候愈暖和，昆蟲的數量也與日俱增。

　　直到夏日真正來臨，蟲蟲就要佔領大地囉！公園的草地、校園裡、野地、水池、農田，甚至家裡，到處都有動物、昆蟲的蹤跡，想對他們視而不見都很難。

蚜蟲與赤星瓢蟲的夏日盛宴

在夏天，蚜蟲大隊正貪婪地啃食農作物時，赤星瓢蟲也要來享受蚜蟲大餐了。

瓢蟲大多是肉食性，嗜吃蚜蟲、介殼蟲、粉介蟲及蟎類，有人曾統計，一隻瓢蟲幼蟲一天竟可吃掉五百隻蚜蟲呢！

而瓢蟲部分種類也會危害植物，一般食肉瓢蟲外型較鮮豔亮麗；植食瓢蟲則體色灰暗，且體表長有許多細毛，兩者不難分辨。

● 正在大啖蚜蟲的赤星瓢蟲。

夏天是蜜蜂儲糧的好時節

百花開放的季節，蜜蜂趕忙採花蜜，準備舉行一場夏日的盛宴。

● 蜜蜂把採來的花粉置於前腳上的花粉籃上，而把花蜜吞進喝囊中和酵素作用再吐出來，便成為我們一般所吃的蜂蜜。通常，蜜蜂會將這些蜜儲存於蜂巢中，以備不時之需。而皇漿（即蜂王乳）也是工蜂所分泌，是蜂后及幼蟲的食物。

椿象寶寶在夏天開始新生活

黃斑椿象小寶寶紛紛從卵殼裡爬出來。從現在開始，就要展開他們刺激冒險的生活了。

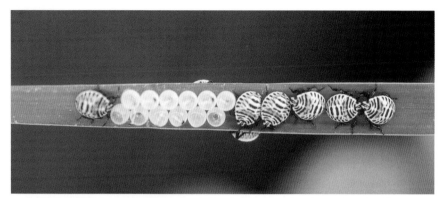

● 椿象若蟲的齡期不一定，因種類而異，每蛻一次皮即增加一齡，每一次蛻殼後都帶著不同的面具。剛孵化的一齡若蟲通常會聚集在一塊兒休息，取食時才分散，等到三齡時，取食量逐漸增大才慢慢分散，獨自生活。

細蝶在夏天繁衍下一代

細蝶忙著結婚、產卵，公細蝶還很體貼的在旁邊守衛呢！

● 細蝶（蛺蝶科）幼蟲的食草為蕁麻科的植物。幼蟲有群棲性，故在幼蟲食草中可發現大量的幼蟲。

夏天是石龍子交配的季節

石龍子的警覺性很高也很容易受到驚嚇，即使是在夏天交配的季節依舊如此，所以只能遠遠地觀察。

● 噓！可別驚聲怪叫，打擾草叢裡那對石龍子的好事喔！

小鸊鷉共享天倫之樂

小鸊鷉將愛巢築於水面上，頂著六月的艷陽孵蛋。母鳥孵蛋時，公鳥不但會銜水草補巢，潛水抓魚餵母鳥，還會幫忙孵蛋呢！當小小鸊鷉還不會潛水抓魚時，親鳥會將小小鸊鷉背在背上，若遇危險時，親鳥則會將小小鸊鷉藏於羽翼中。

● 小鸊鷉築於水面上的愛巢。

● 小鸊鷉可是鳥類中的模範家族喔！

燕鴴會通知夏天的到來

每當燕鴴在空中發出「答答、答答」聲劃過晴空時，就是在告訴我們夏天到了。

● 有點神經質的燕鴴喜歡剛犁過或剛插秧的稻田，看牠的神情就知道牠正在警戒身旁的風吹草動。

夏天是玉山佛甲草開放的季節

夏日上到海拔三千公尺的高山，除了避開溽暑享受山氣的沁涼之外，你一定得用謙卑的姿勢在野地尋找高山的彩色精靈，尤其是當你看見盛開於裸岩地的玉山佛甲草，相信這會是你今夏與自然最美麗的相遇。

● 玉山佛甲草彷若遺落人間的繁星。

【做做看】

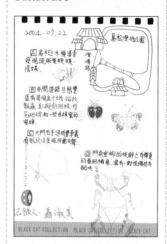

在你的觀察筆記裡，有哪些動物參與了夏日的盛宴呢？可以試著把你的觀察心得用日記的形式寫下來。

3. 仲夏夜舞台

　　傍晚的涼風驅走白日的暑氣，黑夜爬過山頭，不一會兒便籠罩了大地。白天的演員剛剛謝幕，夜晚的戲碼接著上場。入夜之後，經過草叢、水漥，或在公園裡散步，甚至去闖闖近郊的小山，觀賞仲夏夜舞台上演的精采戲碼，別忘了攜帶手電筒，往樹上、草叢探照看看，相信你會有很多驚奇的發現。

蟬在夏夜羽化

夏夜裡行道樹上經常可以看見蟬努力地蛻殼，初羽化的熊蟬以極慢的速度蛻出蟬殼，只見透明的翅膀從綠色蛻成淡橘色，接著牠挪好姿勢、晾乾翅膀，等身體變硬。

● 這時蟬的身體相當軟，也很脆弱，千萬不要去干擾牠，因為它正面臨生命最重要的一道關卡。

● 這齣「蟬之生」的精采戲碼，足足上演了近九十分鐘——熊蟬終於蛻出了殼，此時牠正在晾乾翅膀，等身體變硬。一直要到第二天清晨，才能展開成蟲的生命之旅。

● 大自然的舞台有時是很殘酷的，這隻熊蟬才剛蛻出殼，馬上就成為蚰蜒的晚餐了！（蚰蜒是蜈蚣的親戚，具毒性，食肉主義者。）

藏在樹下的陸生蝸蟲

這隻皮膚看來細緻光滑的小傢伙是屬於扁形動物的「陸生蝸蟲」，又稱「扁蟲」。牠通常在樹底下陰濕的環境活動，所以我們不太易發現牠。

● 別害怕，陸生蝸蟲只吃地面上腐爛的物質，不會吸人血。

螽蟴和蟋蟀舉行夏日音樂會

　　螽蟴和蟋蟀被喻為夜晚的提琴手，螽蟴發聲的方法很奇特，用左、右兩個翅膀靠近基部處各有一個特殊的結構相互摩擦，然後震動翅面上一個鼓膜區，發出很大的聲音；而蟋蟀的發音器位於前翅的基部，當左、右前翅相互摩擦時，即可發出鳴聲。

　　另外，很有趣的是蟋蟀的耳朵竟然長在前腳的脛節上，稱之為「聽器」，而它也具有接收空氣中音波振盪的功用。

　　螽蟴、蟋蟀都只有雄蟲才會發聲，即使是人聲喧騰的鬧區，只要有草叢的地方，就能聽到牠們求愛的樂聲。

● 台灣大蟋蟀。

● 螽蟴又稱紡織娘。

● 圖為台灣山窗螢家族，左邊那隻是雌蟲，中間是雄蟲，右邊在葉子上的那隻則是幼蟲。

136

一閃一閃螢火蟲

螢火蟲的發光效率可以高達百分之九十以上，只有不到百分之十的能量會轉為熱能，因此螢火蟲的光並不會像電燈泡那般燙人，故稱為「冷光」，否則會把自己給熱死。成蟲的發光器在腹部末端，雄蟲有兩節，而雌蟲僅有一節發光器。不同種類的螢火蟲發光顏色不大相同，連發光時間和頻率也不相同，其閃光都有特定節奏，只有同種的螢火蟲才能辨認彼此發光的訊息，這種訊息對成蟲而言，往往就是求偶的信號。

若你有機會看到滿坑滿谷的螢火蟲，優雅地漫舞成一條流動的燈河時，肯定會像我一樣，看痴了過去，不知身處何處的夢幻，永生難忘。

【做做看】

你曾經有過夜間觀察的經驗嗎？也許是與林間曼舞的螢火蟲相遇，也許是漫天星光下輕鬆的夜遊，也許只是舒爽地躺在夜風徐涼的草地上發呆。可以試著把當時的感覺寫下來或畫下來哦！

4. 秋光調色盤

　　一年四季中我最喜歡秋天了，秋日的星空、秋日的雲朵、秋日的風、秋日的色調，都帶著沁溼微涼、蒼涼蕭瑟，有時秋夜裡還充滿了一股醃甘蔗般的甜膩味兒，那是稻子花的香味，也是一種幸福的味道喔！

　　然而真正感覺「天涼好個秋」的日子卻相當短促，最美的總是太短暫，享受浪漫秋光可得好好把握呢！

甜根子草揭開秋天的序幕

甜根子草（禾本科）耐濕又耐旱、抗風力強，它與甘蔗同屬，你將它的根拔起來嚼嚼看，味道雖不似甘蔗那麼甜，但也有些許甜味。

台灣欒樹與紅姬緣椿象

台灣欒樹（無患子科）也是台灣特有植物，從行道樹到低海拔山區都能見到它的身影。花果期很長，種子圓而黑，可做手工藝品。

而在台灣欒樹下一定能發現數量龐大的大紅姬緣椿，他們以台灣欒樹的樹液及種子的汁液為主食，不過牠們也是雜食性的昆蟲，所以當有同類的屍體出現時，你也會看見牠們為爭食而互相排擠的場面。

收割的季節

春耕、夏耘、秋收、冬藏，指的是北方國家的稻作情形，在亞熱帶的台灣，一年兩期甚至三期的稻作收成，在初夏亦能看見這般遼遠蒼黃之景，但，深秋的風景更有一份蒼涼之感。

● 每當甜根子草的花序果穗把溪床的開闊地渲染成一片雪白，我才驀然驚覺秋天的序幕已然揭開。

● 台灣欒樹可說是秋季的代言者，每當它燦如星辰的金黃小花和桃紅色的美麗蒴果在枝頭上盛開時，秋意已十分濃郁了。

● 吃同伴屍體的大紅姬緣椿。

農人將稻穀收堆成小山，不久後再翻入土中作肥，有機會在童年時光把金黃的稻穀堆當遊戲場，對於地狹人稠的台灣而言，已是難得的幸福了。

● 收割過後的稻草堆，蒼黃的大地是我深愛的深秋色調。

早秋的油桐且開且落

現在的油桐樹雖不再被利用來製作木屐、櫥櫃；也再看不到樹下殷勤彎腰揀拾油桐子，期待以油桐子換得金錢的佝僂身影，但它卻見證了日據時代那段採油桐子盼望落空的滄桑史。

現在，初夏時分滿山遍野的油桐花卻在一片懷舊的浪潮中開闢了新時代的觀光經濟傳奇。

秋天的油桐花雖不似夏日那般繁盛，我反而喜歡這樣一個安安靜靜、且開且落的季節，我更欣賞油桐花的智慧在美麗的巔峰時刻殞落芳華，而不是枯槁地等待死亡。

● 油桐花（大戟科）一年開兩次，一次在初夏，一次在早秋。

晚秋的五節芒

五節芒（禾本科）遍佈於全台向陽開闊地，生命力強韌旺盛，早期被利用來製成掃把、做屋頂。當五節芒赭紅的花穗取代甜根子草雪茫壯闊的風景時，我便知曉秋天已走到盡頭了。

● 在晚秋，四處可見的五節芒正在開花。

5. 生氣蓬勃的嚴冬

　　從前書本裡總是說冬季萬息蕭索、動物們都處於冬眠的沉寂中，直到春天來臨才會恢復蓬勃的生機。然而，當我學會細膩地觀察四季變化之後，才發現台灣的冬天根本不會冷到動物需要冬眠的低溫，他們只是減少活動量，大多蟄伏於岩穴或地底下罷了。而花朵卻因為少了昆蟲的蠶食，即使在灰澹溼冷的氣候（這種天氣總會讓我心情隨之黯淡），反而得以織就更繁麗華美的風景。

　　冬季的花朵化表面的枯寂為生機，這種現象不僅扭轉我以往的刻版印象，也啟發我另一種思考事情的角度。

冬天是賞冬候鳥的好時節

　　從紅尾伯勞嘎嘎叫聲中便拉開冬候鳥來台渡冬的序幕。冬候鳥的到來也為冷颯的冬季帶來活潑熱鬧的生機，雁鴨科、鷿鷈科、鴴科、鷗科、鷸鷸科、當然還有紅不讓的黑面琵鷺……美麗的候鳥可讓賞鳥人看得不亦樂乎呢！

● 圖為金斑鴴，是台灣普遍出現在沼澤溼地的冬候鳥，不在台灣繁殖，但親鳥會有「擬傷」行為以引開掠食者的注意。

（何謂擬傷：某些鴴科鳥類在繁殖期，當人或其他掠食者靠近牠們的巢時，會表現出在地面掙扎的擬傷行為，將可能的威脅誘離。）

青蛙冬天也會出來玩兒

　　喜歡賞蛙的人冬天也不寂寞喔！全身翠綠的莫氏樹蛙最愛冬雨過後的夜晚，運氣好的話還可遇見盤古蟾蜍、斯文豪氏赤蛙及喜歡住在竹筒中的艾氏樹蛙呢！

● 莫氏樹蛙是台灣的特有種蛙類，全島的中低海拔，只要是多雨的時節都可以聽到牠「咯、咯、咯，呱…」的兩段式求偶鳴聲。

冬天休耕農田裡的油菜花與蘿蔔花

原來只是農民灑在休耕的田地，化為來年春耕肥料的油菜花，經相關單位及媒體的大力推動，金黃燦亮的油菜花已經變成東部冬季重要的觀光代言者。

有些農民也會灑蘿蔔籽做為春耕肥料，當雪白的蘿蔔花海和金黃的油菜花田阡陌成行成列，景致絕對不遜於北海道。尤其是帶著學生穿梭在蘿蔔花海迷宮中，玩起拔蘿蔔射擊的野戰時，真是酷斃了。

建議你在旅途中偶爾彎進陌生的小村落，一定會有令你驚艷的關於人、關於自然的鮮明的人間風景。

● 化作春耕肥料的蘿蔔田，不僅是孩子的迷宮、射擊的野戰場，更是餐桌上具台灣味的可口小吃——醃蘿蔔。

● 攝於玉里鎮長良的油菜花海。

6. 冬季的野鳥天堂

我們現在的家就在稻田旁邊，入秋之後總會聽見粗啞的嘎嘎聲在田野間流竄，聽到這個聲音就知道遠從西伯利亞、大陸、日本來的鳥客──紅尾伯勞，又到台灣報到了。

冬季，隨著農夫收割稻作，休耕的水田更成為野鳥天堂，除了鷸鴴科的候鳥，還有中白鷺、大白鷺、蒼鷺等大型鷺科鳥類，好不熱鬧。

【何謂冬候鳥？】
對北半球的台灣來講，秋季從北方的寒帶或溫帶飛往南方來過冬，等春季再飛回原有棲地的鳥類即稱為冬候鳥。但也有些候鳥會留在台灣繁殖，便成為留鳥了。

紅尾伯勞

紅尾伯勞喜歡高踞枝頭，一邊用銳利的眼光搜尋獵物，還會表演尾巴轉360度的特技（其實這表示牠處於高度警戒的狀態）。另外，牠另外有個習慣，會把未吃完的食物高掛在枝頭上，下一餐再繼續享用。

● 紅尾伯勞。

小環頸鴴

小環頸鴴圓圓胖胖的非常嬌小可愛，頸子上掛著一條咖啡色圍巾。行進時雙腳會不停抖動，左腳抖呀抖！右腳抖呀抖！然後「噗」的一聲栽進水裡抓蟲吃！

● 小環頸鴴。

高蹺鴴

高蹺鴴的腿很長，像踩著高蹺走路，故有此名，也因有長長的腳，牠能在較深的水域覓食。

● 你瞧！高蹺鴴的體態是不是很優雅呢？

赤足鷸

赤足鷸有一雙紅色的雙腳，而且是個獨行俠，不像其他候鳥成群結隊，所以特別引人注意。

● 赤足鷸。

各式各樣的鷺科動物

我們平常見到的白鷺鷥，多半是穿著黃色雨鞋的小白鷺，另外，騎在牛背上的大部分是叫「牛背鷺」的黃頭鷺；只有冬季才能看到中白鷺、大白鷺、蒼鷺及黑面琵鷺等大型鷺科的鳥類。

● 小白鷺（嘴黑色，腳為黃色）是田野溪澗間非常普遍的鳥類，牠的長嘴長腳很適合在溪流中覓食，有時牠會以腳攪動水底，將底棲的生物驚起加以捕食；有時你會看見牠張開雪白的羽翼，在水面造成大片陰影，好讓牠瞧清楚食物躲在哪裡！許多水生昆蟲、魚、蝦甚至蛙類，都是小白鷺的食物。

小白鷺大部分是留鳥，也有一部分是候鳥，一部分不穩定。

● 黃頭鷺，夏天出現時留著一頭時髦的黃髮，到了冬季就會換裝變得和小白鷺差不多，使得大家以為牠們都消失了。其實黃頭鷺在冬季數量會變得更多，因為許多的黃頭鷺也是在冬季才到台灣來過冬，我們還是可以從黃色的嘴及全黑的腳與小白鷺區別。黃頭鷺因為喜歡棲息在牛背上所以又稱「牛背鷺」，牠喜歡在乾燥田間覓食而不喜歡魚塭，尤其在耕耘機翻田時更能引來一大群黃頭鷺啄食飛起的昆蟲。同時牠也是白色鷺科家族體型最小的成員。

7. 窗外的自然風景

　　自從遷居東部之後，我每日清晨醒來，第一件事便是走到窗前眺望窗外。白日裡，坐在靠窗的書桌前寫作，我喜歡連紗窗也推開，邀請田野裡的風和小雲雀的歌聲進來陪伴我。當黑夜來臨，窗外遠方的部落彷彿天上遺落的星群，在黑暗中閃爍；山間燈火似白鼻心的紅眼睛凝視著我，也守護著山上人家。

　　城市裡也有豐富的窗景，每天每刻用心觀看，都會有不同的景致。

我在夜未央時分醒來，大地還沉睡著，氾濫的水田似湖光映照著天空奇異的藍，是遠方，也是近在咫尺的家園。

● 攝于大禹自家窗外。

　　在東部玉里至光復一帶有時在雨後的清晨或黃昏出現一種自然奇觀，白雲像一條絲帶般繚繞於海岸山脈的腰間，連綿不綴，蜿蜒好幾公里，據說這景觀稱之為「長白雲」。

● 自然奇觀——長白雲

南台灣的美濃及東部的玉里是目前台灣菸葉主要的栽種區,藍天綠地及排排菸葉,非常漂亮。

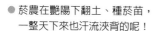
● 菸農在艷陽下翻土、種菸苗,一整天下來也汗流浹背的呢!

當我們還居住在西部時,白頭翁是窗外那棵仙丹花的常客;而在東部,則換成是頂上一撮黑毛的烏頭翁。白頭翁與烏頭翁的分界點在恆春半島的楓港。烏頭翁是台灣特有種,其分布侷限於蘇澳以南之花東地區和恆春半島。

● 白頭翁。

揮別白日的灰濛，眷戀人間的太陽留給城市的夜空以絢爛的晚霞作為誓言。

● 絢爛的晚霞，攝于高雄左營。

　　不管是城市還是山間部落，每一處夜景都有它迷人的情調。夜晚的燈景，迷離的光影，為夜色披上一層迷濛的輕紗。

● 阿里山樂野部落夜景。

8. 窗外的人間百態

　　我喜歡觀察自然，也喜歡觀察人。人的表情、人的活動，透露出什麼樣的訊息呢？

　　有一首詩這麼寫的：

「你站在橋上看風景，那人在樓上看你。
明月裝飾了你的窗子，你裝飾了別人的夢。」

　　我就曾經有過這樣的經驗。有一回，我獨自站在草地上欣賞一棵掛著翩翩紅葉的烏桕。後來有一對夫妻手牽著手來到樹下，仰著頭不斷讚嘆烏桕的美。那對夫妻的身影也就同時嵌入了我眼前的這張風景名信片當中。

鄉村的風景

　　春天一到，農夫們開始忙著翻動泥土，準備插秧。小白鷺、牛背鷺也趕來吃一頓蟲蟲大餐。成群的白鷺同時降落、飛起，既壯觀又美麗。

● 如果你住在鄉村，窗外的風景就是農夫和大自然交織而成的。

窗外的風景

　　窗子構成一張富趣味性的臉譜，有創意吧！這面臉譜窗子可見證了戰地金門曾有的繁華與落寞，也見證了那段烽火歲月——「八二三炮戰」，而今，早已人去樓空。

● 攝於金門「得月樓」。

離島的風景

　　住在離島上的人，一推開窗子便是碧海藍天，跑幾步縱身一躍便化成一尾滑溜的魚——那是都市人買不到的幸福。

● 離島的碧海藍天。

街上的風景

　　如果你住在車水馬龍的街上，打開窗看到的便是川流不息的車輛，有時還會看見蒐集回收垃圾的老人佝僂的背影穿過馬路。觀察來往行人的穿著打扮、走路的模樣也很有趣。

● 車子從她身邊呼嘯而過，好不危險！

● 市場裡買賣蔬菜和水果的攤販拼命喊價的廣告口號有什麼不同？

9. 特別的自然　特別的你

　　在我的小花圃裡種了許多植物，有秋海棠、波斯菊、百合、鳳仙、豬母乳、夏槿、蔥蘭等等，可以說每一種花都有不同的屬性，譬如開花時間不同、睡覺的方式也不一樣。以豬母乳來說，它們喜歡熾熱的太陽，而秋海棠卻喜歡濕冷的天氣。

　　等到夜幕低垂時，蔥蘭悄悄的闔上了花瓣，波斯菊也一朵朵的低下頭，而夏槿與鳳仙花卻精力旺盛，整夜都捨不得闔上眼。

　　所以，只要細心觀察，就會發現即使是一朵小花，都是如此獨特而豐富！就像你和我一樣，在這個世界上都是獨一無二的。

【找一找】

（1）從自然界的生命中，找出一種與你屬性相同的自然生物。

（2）把你的特質列出來，然後用欣賞和自信的眼光，來看待這個屬於你自己的特質。

這四片葉子都是從同一株地錦（俗名叫「爬牆虎」）發展出來的，可是他們卻擁有全然不同的外形，雖然都來自於同一個母體，每一個生命卻都有它的獨特性，即使是微小如一片葉子。

雲朵在天空中自由自在的漂遊，樹木在大地間屹立不搖。大樹無須嚮往雲的自由，雲朵也不必羨幕樹的沉靜和穩重，因為雲朵和大樹各有存在於天地間的價值。

同樣都是水生植物，成群的布袋蓮有著樹大的美與亮麗，熱鬧而喧嘩；一株安安靜靜挺立水面的荷花，也有著它清新脫俗的優雅。

● 布袋蓮（久雨花科）。

● 荷花（蓮科）。

10. 向一棵樹致敬

當一棵樹開始萌芽的那一刻起,它便將生命奉獻給地球上的生物,讓數不清的生物在它身上獲取食物、築巢並得到保護。我們人類也利用木材來製作傢具、房子,或是食用樹上的成熟果實,並且享受樹木所提供的清新空氣與涼蔭。

無論是哪一個成長階段,樹的每一個構造都充分的被地球上的生物所利用,而它卻默默的承受這一切。當我們看見一棵樹時,是不是該對它心存一份敬意和感激呢?

大樹的果實是動物的大餐

　　樹的果實是許多動物，例如小鳥、松鼠、獼猴，甚至是山羌、水鹿的主要食物。

● 結實纍纍的山桐子（大風子科），可以讓黃腹琉璃鳥大快朵頤。

枯樹枝是避債蛾最安全的家

　　避債蛾利用枯枝落葉編織睡袋，而枯樹枝就是牠最佳的保護色。

　　避債蛾只有雄蟲會長出翅膀，從自己的巢飛出去尋找雌蟲交配，而雌蟲卻一直保持蠕蟲的狀態窩在牠的睡袋中，交配後再爬行到適合產卵的地方產卵。

● 這隻避債蛾垂著絲線正探出頭來隨風舞動著呢！

攀木蜥蜴最愛待在樹枝上

斯文豪氏蜥蜴是攀木蜥蜴的一種，牠總是抱著樹枝入眠，也很喜歡在樹上曬太陽，背部有兩條黃色條紋者是公的，遇到威脅或求偶時，會做伏地挺身哦！

● 斯文豪氏蜥蜴。

樹汁是多種昆蟲最愛的食物

颱風過後，被吹垮的樹木吸引了各種昆蟲來吸取甜美的樹汁。先是鍬形蟲和蠅類，接著蝴蝶和金龜子都來了，有時吃得忘形侵犯到別人的領域時，還會蜻蜓點水式地拳打腳踢一番，再各據一方，在昆蟲的世界，吃飽最要緊，意氣用事是沒用的。

● 樹幹上正在大塊朵頤的各式昆蟲。

木材是人類雕刻及造船的好材料

　　阿美族、排灣族及魯凱族人都會利用木材從事雕刻，達到了藝術的層次。

　　蘭嶼的達悟族（雅美族）人，利用二十七種不同的樹材，製作出獨特的拼板舟。沒有一支釘子製成的拼板舟，手工精巧，圖騰鮮麗。

● 花蓮光復鄉‧太巴塱國小。

● 正在造船的達悟人。

● 代表人。

● 代表海浪。

● 代表船的眼睛。

● 圖中這艘精緻的拼板舟，跟我們有特殊的緣份。它是蘭嶼的好朋友飄洋過海送來給我們的結婚賀禮呢！

11. 小小自然大啟示

　　大自然蘊藏著無限生機與奧妙，這幾年的自然觀察經驗，除了帶給我無數的驚奇和感動之外，萬物無聲有聲的流動都再再地展現生命的強韌與智慧，如醍醐灌頂之於渺小無知的我。

植物的生命力

　　隨處可見的植物身上其實上演著一幕幕的讓人震撼的生命奮鬥記，你發現了嗎？

● 閉鞘薑（薑科）的葉子沒有一片是相互重疊的，因為每片葉子都竭盡所能地尋求自己的天空和陽光。

● 黑板樹在身體的缺口長出新芽，展現強韌的生命力。

動物的生命步調

　　獼猴媽媽用奶水哺育小獼猴，這是上帝賦予所有哺乳動物最神奇也最偉大的愛的能量。生活步調始終處於汲汲營營狀態的人類，是否能從大自然的靜觀中重新思考我們生活的方式呢？

生命的流動

瞬息萬化的雲朵，青蓊巍峨的高山，迎風擺盪的草浪以及隨風生滅的沙紋，潮起又潮落——觀看自然景象，無一不是生命的流動，沒有一刻間能永遠停駐，所有的情緒、思想，甚至看似糾結不清的外在表象，都是流動，都會成為過往。

每每靜心觀看一朵雲的飄移、風的流動、水波的線條、生命來來去去——大自然總會無言地提醒我，無須執著於當下的情緒，這一刻鐘即將成為過去。

魔法大自然學堂

第六篇

1. 魔法石之旅

　　大自然中有一種東西，不是動物、不是植物，也不是自然現象，但它總會讓我的想像力在不斷的驚奇中無限開展——到底是什麼樣的自然物能如此豐富人的想像力呢？你猜對了！就是石頭。

　　當你去到佈滿石礫的岸邊時，不妨跟同伴玩一個遊戲，用語言的想像力形塑石頭的形象，你會發現自己創意的爆發力還真驚人呢！

岩石的自然形塑

　　台東小野柳北邊海濱的潮間帶岩石裸露，每一塊岩石都蘊藏無數引人奇想的線條與圖騰，是孩子最好的繪畫啓蒙教材喔！

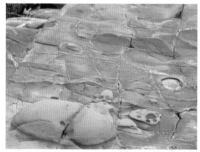

● 小心！外星人入侵台灣了！

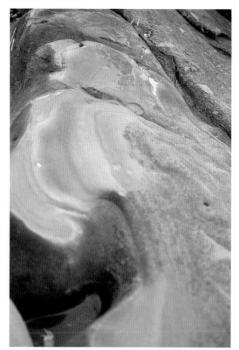

● 畢卡索畫筆下的美人魚？

● 這一頂大巨人的帽子是用砂岩、礫岩夾雜其他金屬礦物及海水的鹹味和著雨水做成的。

峽谷地形

東部的立霧溪由高山匯流而下,強大的下切力將主要由質地較軟的大理石所組成的太魯閣,切割雕鑿成世界級景觀的峽谷地形。

火成岩地形

在台灣版圖的最西邊有座遺世獨立的美麗小島——「花嶼」,整個島嶼就是精采的岩石教室,它是由火成岩(火成岩是由岩漿冷卻凝固形成的,台灣常見的有安山岩、玄武岩及金門的花崗岩)所組成的島嶼,在島上處處可見大自然在歲月的流光中信手拈來的藝術作品。

● 這是峽谷中最有名的印地安人頭像。

● 花嶼島上一隻正在曬太陽的河馬石像。

岩石上的紋路及孔洞

　　曾有詩人說：「千年萬載，柔水也能變雕刀」，經年累月、風吹雨打以及海水的侵蝕在堅硬的岩石上蝕刻出各種紋路及孔洞，例如：堅硬岩層被兩組節理切割的破裂面再被侵蝕擴大之後，形成了一塊塊類似豆腐的幾何圖形，稱之為「豆腐岩」（岩體中常有受外力作用後生成的破裂面，稱為節理），或是孔穴狀風化作用形成蜂窩狀的外形，稱之為「蜂窩岩」。

● 豆腐岩。

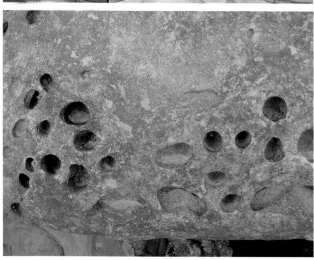

● 蜂窩岩。

動物在岩石上留下的痕跡

　　岩石上有些漥洞是生物居住過或移動的痕跡，除了海膽之外，多毛蟲、纓蟲、球鈴蛤……也會在岩石上蝕刻出各種孔洞來，下次到海邊時別忘了觀察岩石上的秘密喔！

● 球鈴蛤。

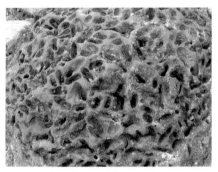

● 你猜，這顆石頭上的坑坑洞洞是誰幹的好事呢？

● 答案是——沒事嚙海膽，哦！對不起，應該是「梅氏長海膽」才對。

自然音樂會

　　揀取兩、三顆石頭加上一根漂流木，馬上來一場即興自然音樂會囉！童稚的歌聲混合自然元素即是天籟呢！

2. 蟲蟲婚禮大觀

在昆蟲的一生中除了努力吃食讓自己長大之外，另外還有一個重要的使命，那就是傳宗接代，所以，一年四季裡，我們經常可以聽到雄蟲為了贏得雌蟲的芳心，不斷地放聲高唱、展現歌喉，甚至不惜犧牲色相大跳猛男秀。而當雌蟲受到雄蟲歌聲魅力或強健體魄的吸引，接著就要攜手入洞房囉！

如果你不小心撞見新婚燕爾的蟲蟲夫妻，可別大呼小叫的嚇壞蟲蟲喔！停下腳步，安靜地仔細觀察，你會發現很多有趣的事呢！

蝴蝶安靜的交配方式

蝴蝶交配的姿勢優雅而安靜，牠們總是一動也不動。很久，很久，時間好像也停止了。

藍金花蟲交配時常常一團混亂

在野外經常可看到藍金花蟲聚集在火炭母草上吃食、結婚、產卵，如果你仔細觀察還可能會看見孤單的王老五從正在行房的藍金花蟲背上踩過來、踩過去鬧洞房的趣味畫面，而密佈於葉背上的黃色條狀物可不是便便，那是藍金花蟲的卵喔！。

椿橡交配時總是異常匆忙

椿橡交配就像兩列背向而馳的火車，雄椿橡說：「走這邊！」雌椿橡說：「我要往那邊啦！」每次看到交配中的椿橡，都是那麼匆忙，不知要去哪裡？

● 交配中的台灣波紋紋蛇目蝶。

● 喜歡聚集在一起的藍金花蟲。

● 在山芙蓉的果實中發現的赤星椿橡，因受到我攝影鏡頭的驚擾而開始奔逃，而在逃命時雌椿橡仍死命咬著山芙蓉的種子不放，構成十分滑稽的畫面。

雄豆娘及雄蜻蜓都很霸道

豆娘交配時雄蟲會霸道地夾住雌蟲的頸部，而後將精囊置於雌蟲的體內，交配完成後通常會強迫雌蟲立刻產卵，或者在雌蟲產卵附近巡守以防雌蟲又被其他雄蟲強走，因為後面交配的雄蟲能將雌蟲與前一隻交配的雄蟲精囊拉出，而再置入牠自己的精囊。蜻蜓交配的方式也雷同。

● 圖中正在交配的是短腹幽蟌。

蝗蟲呈「8」字型交配

雌雄蝗蟲的體型差異頗大，雄蟲在雌蟲的背上，但腹部會從上往下伸與雌蟲交配，形成「8」字形。而瘤喉蝗成蟲交配的時間很久，且不太會移動位置，所以十分容易撞見牠們交尾的畫面，可以近距離觀察，並且從容地拍照。

● 這可不是媽媽背小孩喔！

八星虎甲蟲是大男「蟲」

八星虎甲蟲交配時，雄蟲以大顎夾住雌蟲的頸部，彷彿很大男「蟲」似地警告雌蟲——「不准走」，而牠自己卻不斷地搧動翅膀，似乎顯得十分急躁。

● 八星虎甲蟲交配。

美翅蠅會熱舞求愛

美翅蠅在舉行結婚典禮之前，雄蠅會繞著雌蠅有節奏地跳起拉丁式的熱舞，以受到雌性的青睞，在贏得美人芳心之後，牠們還會共同起舞呢！

● 美翅蠅的求愛之舞。

3. 躲貓貓大賽

　　也許你會羨慕鳥兒有一對翅膀可以自由自在地飛翔，也許你會覺得美麗的瓢蟲如此悠閒自在，但是你也許不知道，牠們的生活充滿危機，每一刻都必須戰戰兢兢、提高警覺，免得一不小心就成了別人的早餐，或讓快到手的早餐飛了。所以每一種生物都很有智慧的運用各種保護色或偽裝術來躲避天敵，也避免獵物發現自己。

　　很多昆蟲會偽裝成另一種凶悍或有毒的動物（例如蛇、蜂類）來嚇退敵人；有的生物會擬態成令人不屑一顧的東西（例如：糞便）來掩人耳目；有的是體色極為接近牠所棲息的環境，我們稱之為「保護色」。

■ 現在就跟著我以輕鬆的心情，發揮你的好眼力，一起來找找隱
藏在其中的蟲蟲吧！（解答見178頁）

（1）在這一堆木屑之中藏著什麼東西呢？
（提示：牠有一雙大鐮刀）

（2）一隻動物藏在大石頭邊，猜猜牠是什麼？
（提示：牠有四條腿）

（3）哇！一團爛泥。到底是誰躲在裡面呀？
　　（提示：牠是跳遠高手）

（4）有個東西躲在灰白的地衣上，猜猜是什麼？
　　（提示：牠有美麗的翅膀）

（1）你找到在畫面左下角的那隻螳螂了嗎？螳螂的體色和種類無關，倒和牠所生活的環境有關。

（2）牠也會隨著環境而改變體色，這是一隻日本樹蛙。

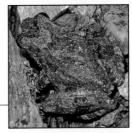

（3）找到那個藏在爛泥裡的傢伙了嗎？原來是一隻澤蛙。

（4）岩壁上的尺蛾與周邊的地衣色澤幾乎一模一樣，叫人難以分辨。

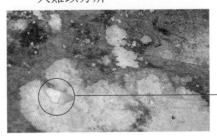

神奇的動物保護色

　　在左邊這張圖裡的樹幹上也藏了一隻稜蝗，你看到了嗎？

蟲蟲的偽裝術

　　玩了這麼多躲貓貓的遊戲之後，您一定覺得動物的保護色非常的厲害吧！接下來，我們再來看看蟲蟲的偽裝術。

住在口水裡的沫蟬若蟲

　　沫蟬若蟲在枝葉間分泌一種液體，經後足攪拌後形成一個泡沫巢。我想，住在一坨口水之中大概不好受吧！然而，住在泡沫之中不但不容易被掠食者發現，也讓幼蟲容易保溼，這對於渡過乾旱特別有利。紅胡麻斑沫蟬和夏天鳴叫的蟬都屬於同翅目的昆蟲，同一家族常見的還有介殼蟲、蚜蟲等。

● 交配中的紅胡麻斑沫蟬。

● 是誰這麼不衛生，隨地吐痰？嘿！原來是沫蟬的若蟲躲在裡頭。

偽裝成樹枝的竹節蟲

竹節蟲是昆蟲界有名的偽裝高手，牠偽裝成一截不起眼的樹枝。有時候我們會看到周圍的葉子毫無動靜，而竹節蟲卻兀自在那兒左搖右晃呢！

● 你發現那隻在地上的竹節蟲了嗎？

偽裝成貓頭鷹的孔雀蛺蝶

孔雀蛺蝶翅膀背面的眼紋像不像一隻倒吊的貓頭鷹？一時眼花的鳥兒就會被牠給矇過去了。

【想想看】

（1）蟲蟲為什麼需要保護色？
（2）蟲蟲的保護色會不會因為所處的環境不同而改變？
（3）在你的觀察中，哪些生物是蟲蟲經常偽裝的對象？
（4）被偽裝的對象有哪些特性？有毒嗎？很兇嗎？不好吃嗎？或只是融入環境而已？

4. 在野地上演的精采好戲

　　我很喜歡獨自一個人在野地裡安靜地漫遊，因為這時候的心靈最平靜，所有的感官也都變得很敏銳。

　　在野地裡，我喜歡用親近土地的姿勢觀看萬物，不管是晴天或雨天；烈日當空或者寒風刺骨，大自然裡一齣齣搏命演出的好戲，總是讓我看得目不轉睛。

　　然而，有些時候意外撞見野地裡的演員即興演出的精采戲碼，若身邊有同行者一同分享那環環相扣且讓人拍案叫絕的劇情，那肯定能成為平淡生活中津津樂道的討論話題。

　　所以，大自然便是那樣讓人無限自由的場域，適合一個人安靜漫遊，也適合眾人帶著安靜敏銳好奇的心，一同探索、分享大自然的驚奇。

動作敏捷的八星虎甲蟲

八星虎甲蟲是森林曠地中的「老虎」，牠的大顎如兩把銳利的牛排刀，專門用來切割小昆蟲。牠的動作敏捷、警覺性高，所以你會發現牠老是在你前方躍起降落、跟你保持一段距離。想要觀察八星虎甲蟲就只有趴在地上保持安靜才能看得清楚。

一旦要接近獵物時，八星虎甲蟲便會壓低身子、伺機而動，霎時撲向獵物，看牠抓蟲的姿勢和速度，終於了解昆蟲界的「老虎」並非浪得虛名呢！

● 當八星虎甲蟲開始警戒時，會將身體撐得高高的。

● 八星虎甲蟲準備發動攻擊時會將身體壓低。

不停對峙的攀木蜥蜴

在半屏山遇見兩隻對峙的攀木蜥蜴，腹部急促的起伏，銳利的目光緊盯著對方，牠們雖然按兵不動，還是可以感受到一股劍拔弩張的氣氛，好像隨時都有可能發動攻擊。

突然間，一隻攀木蜥蜴朝另一隻的尾部攻擊，而被攻擊的攀蜥則身手俐落地向前躍進，牠們倆就這樣轉了一圈，更換位置、繼續對峙。沉默了幾分鐘之後，原先被攻擊的攀蜥也不甘示弱地咬回去，同樣地，也被另一隻攀蜥用同樣的方式躲過攻擊。接著，又陷入沉默的膠著狀態。

兩隻攀木蜥蜴對峙了25分鐘，就這樣你攻我守、我進你退。沒有誰真正發動攻擊；也沒有誰受到半點傷，原來牠們只是君子之鬥、嚇唬對方而已。

最後，那兩隻攀蜥雙雙掉入草叢裡，還繼續虎視眈眈保持對峙——我只能說這兩隻攀木蜥蜴實在是「呷飽太閒啦！」

● 兩隻對峙的攀木蜥蜴。

● 一隻攀木蜥蜴朝另一隻的尾部攻擊。

● 攀木蜥蜴的對峙，只是虛張聲勢，嚇唬對方而已。

台灣胡桃樹上的好戲

　　這場戲要從那隻台灣綠騷金龜說起——原本我們是被牠閃著綠寶石的飛行光芒吸引，目光一直追尋到牠停落在一棵高大的台灣胡桃樹上，采悠率先發現：「還有更多耶！」

　　蛺蝶、鍬形蟲還有幾隻台灣綠騷金龜正忘形地吸食甜美的樹液——這場面連我們才一歲多的采湉也看得目不轉睛呢！

● 蛺蝶、鍬形蟲還有幾隻台灣綠騷金龜正忘形地吸食甜美的樹液。

這隻台灣綠騷金龜的加入引起一陣小小的騷動，經過角力之後位置重新調整，當然，鍬形蟲還是佔據最好的位置。驀然，那隻新加入的台灣綠騷金龜把另一隻吃得正爽的金龜逼到另一頭，然後磨磨蹭蹭地爬到更上頭幹起好事來了。

正當國芳準備結束錄影時，一隻台灣大虎頭蜂似惡霸般地飛進來並且一陣拳打腳踢驅開鍬形蟲，自己佔住中心點大吃特吃起來——錄下虎頭蜂的惡行又改換單眼相機拍照片，國芳說他是冒著生命危險才拍攝下這個記錄的。

● 台灣綠騷金龜原來醉翁之意不在酒。

● 雖然，虎頭蜂實在有點惡劣，但牠同時也為我們這齣在野地裡意外撞見的戲碼畫下一個精采的驚嘆號！

185

5. 一起來當福爾摩斯

「這條小路只不過是一條被人踐踏得一塌糊塗的爛泥路而已，可是我卻看到了警察們沉重的靴印，也看到最初經過花園的那兩個人的足跡，他們的足跡比其他人的在先，共有兩個人，一個非常高大，這是我從他的步伐長度推算出來的；另一個則是衣著入時，這是從他留下的小巧精緻的靴印判斷而來……」

這是名偵探福爾摩斯研判案情時一段精湛的觀察推論。而我們在觀察自然時也可從另一個角度切入，學習福爾摩斯演繹奇案的觀察方式，從生物的爬痕、足跡甚至排遺來推斷曾有哪些生物經過這裡，這也是非常有趣的觀察喔！

樹幹上的太陽花的圖騰

是誰在樹幹上一筆一畫的雕刻太陽花的圖騰？

原來是天牛幼蟲用牠的大顎在樹幹上啃出一道道規則的食痕，每一道食痕都不重疊且具弧度，是不是很有藝術天份呢？

泥土地上的圓球

是誰有那麼多閒功夫在泥土地上搓圓球呢？原來是鬆土高手—— 蚯蚓的便便，你有沒有發現畫面中有兩種不同大小的圓球呢？這可能表示這方泥土中至少有兩種不同尺寸的蚯蚓喔！

● 泥土地上的圓球是蚯蚓的便便。

沙灘上的葉型爬痕

　　如果你在夏日蘭嶼的小八代灣沙灘上看見一道似兩片葉子排列成行的爬痕，那可是大發現喔！因為這可是母綠蠵龜夜晚自深海游上岸來產卵，翌日清晨再回到海底的爬痕。

　　首先，母綠蠵龜會在產卵的附近海域與公龜交配，等到產卵季節開始後，每季會上岸產卵三至四次不等。母龜通常於漲潮時上岸，在選好產卵位置後，先用前鰭扒出一個可以容納身體的大坑洞，再用後鰭挖出一小圓桶狀的產卵洞，隨後產下約一百個像乒乓球大小般白色皮革質的蛋，最後利用剩餘的力氣一扒一扒地堆沙掩蓋住卵，才回到海裡。

● 這是誰留下的葉型腳印？

● 綠蠵龜的蛋坑。

沙灘上的足跡

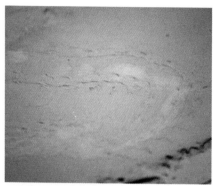

● 猜猜看，這是獨行俠還是訓練有素的
行軍隊伍留下的足跡？

● 原來是螃蟹家族的一員——澤蟹，牠正在獨
享牠的蚯蚓大餐呢！

爛泥地上的足跡

　　在爛泥灘地上最容易發現動物的腳印了，因為泥灘地裡蘊藏著豐
富美味的食物呢！

　　你可以從動物的腳印判斷牠正走往哪個方向嗎？

● 狗的腳印。

● 鳥的腳印。

6. 這裡是台灣　福爾摩莎

在這本書即將完稿之前，我將所有幻燈片拿出來檢視選取，當目光隨著一張張幻燈片游移、瀏覽，彷彿又舊地重遊那些走過的足跡，澎湖、蘭嶼、金門、自海濱、平原、繁華的城市、樸拙的鄉鎮、深山古道甚至是3000公尺以上的高山……看著看著不免要懷疑起來，一雙腳怎能走過那麼多的地方！台灣也不過只是一座36000平方公里大的蕞爾小島，卻那麼奇妙地蘊含令人難以想像的豐富的地形地貌，包容如此精采而多元的族群生命與文化。

台灣是座奇特的小島，但是居住在這座島上的人民是否珍視且愛護這座島嶼呢？從山林濫墾濫伐濫種，水源土地的嚴重污染情形來看，答案似乎是不樂觀的，但我們就因此對這座島及居住其間的人絕望了嗎？我想，對這塊土地還懷抱熱愛的人都不願被這種悲觀壓垮吧！平凡如我們這對夫妻，所能做的一點對這塊土地微小的事情就是——帶著自己的孩子，還有拉著別的父母也帶他自己的孩子，一起去認識這座島嶼的美麗與豐富，經驗大自然顯現的奇蹟，多思考並實踐什麼才是對這塊生養自己的土地更好的方式——因為經驗與了解的更多，就能產生更多的愛與尊重吧！我總是這麼阿Q的想著。

自然資源豐富多元的台灣

台灣這個小島，具備了得天獨厚的地理條件，光是超過三千公尺以上的高山就有二百多座。從平地到山頂，包括各種不同氣候的植物生長區，也因而形成了四季分明的季節特性。

● 這裡不是馬爾地夫，也不是普吉島，這只是台東太麻里一處無名的海邊，卻美得無法形容。
　盛夏，陽光清澈，海水正藍（台東・太麻里）。

在不同季節裡，大自然都毫不吝嗇大手筆揮灑繽紛、彩繪大地。四季都有它的主色調，你發現了嗎？

● 春天的竹林是濛濛的黃，山風一來，竹葉就翩翩踏起浪漫舞步（台南‧玉井）。

● 夏日，在稻作聞名的東部，站在田中央，往前看，往後看，整個大地幾乎被綠色佔領，連天空也是晶瑩剔透的綠（玉里‧客城）。

● 深秋，楓香以淺黃赭紅的色調妝點山色——「停車坐愛楓林晚，霜葉紅
於二月花」，楓紅一掃秋日的蕭瑟，卻賦予詩情幽幽（太魯閣‧綠
水）。

● 地處亞熱帶的台灣因為有多座高山，因此在冬天也能看到雪景。高海拔
的山區，當溫度降至冰點，加上足夠的濕氣就有機會見到皚皚積雪、晶
瑩剔透的冰瀑冰柱（合歡山）。

發起台灣的漂鳥運動

　　楊南郡先生在他撰寫的一篇文章中提到——「十九世紀末，德國青年發起『漂鳥運動』（wandervoge，wander是漂泊，voge是鳥），學習漂鳥精神，在漫遊於自然中追尋生活的真理，在自然中歷練生活能力，創造屬於青年的新文化。這運動的風起雲湧，使得日耳曼民族青年比其他民族更經得起考驗。雖歷經兩次世界大戰失敗的恥辱，德國在短時間內又恢復一等強國的地位可說是漂鳥精神所造成的。」

　　在二十一世紀的今天，台灣更需發起「漂鳥運動」，因為台灣也有非常豐富的自然環境讓全民去投入、去體驗，讓所有國民一同共享健行的樂趣，打造健康、樸實而有朝氣的新社會。

■　采悠兩歲半時坐在爸爸的揹架上到達合歡東峰頂，而老二采湸在六個月大時便在父親襁褓中走過全台最易到達的百嶽「石門山」，完全沒有適應不良的問題。

● 合歡東峰。

■ 采悠滿四歲時，獨自走完瓦拉米來回二十七‧二公里的山路，兩天共走了十九個小時，采逮則安靜且安分地坐在媽媽的揹架上兩天來回。而當她未滿兩歲時來回兩、三公里的山路，就已如履平地，毫不費力。

● 玉山國家公園‧佳心。

這些當然不是什麼傲人的記錄，但「漂鳥精神」需要被實踐在生活中，個人的身心靈乃至整個國家的體質才會更提昇，更強壯──其實一點都不困難。

觀 察 筆 記

在你的觀察中，四季是什麼顏色？把它寫下來，

也可以畫下來，或者用相機拍下來。

※ 日期：

※ 時間：

※ 地點：

※ 你的感覺：

 生態館 20

自然觀察入門

撰文攝影	洪 瓊 君　　陳 國 芳
內頁繪圖	柳 惠 芬
總編輯	林 美 蘭
文字編輯	楊 嘉 殷
內頁設計	林 淑 靜

發行人	陳 銘 民
發行所	晨星出版有限公司
	台中市407工業區30路1號
	TEL：(04)23595820　　FAX：(04)23597123
	E-mail:service@morningstar.com.tw
	http://www.morningstar.com.tw
	行政院新聞局局版台業字第2500號
法律顧問	甘 龍 強 律師
製作	知文企業(股)公司　　TEL：(04)23591803
初版	西元2005年04月30日

總經銷	知己圖書股份有限公司
	郵政劃撥：15060393
	〈台北公司〉台北市106羅斯福路二段79號4F之9
	TEL:(02)23672044　FAX:(02)23635741
	〈台中公司〉台中市407工業區30路1號
	TEL:(04)23595819　FAX:(04)23597123

定價 290 元
（缺頁或破損的書，請寄回更換）
ISBN-957-455-806-1
Published by Morning Star Publishing Inc.
Printed in Taiwan

國家圖書館出版品預行編目資料

自然觀察入門／洪瓊君・陳國芳　文字／攝影，
柳惠芬　繪圖. －－初版. －－臺中市：晨星，
2005〔民94〕
　　面；　　公分. －－（生態館；20）

　　ISBN 957-455-806-1(平裝)

　　1.生態學─通俗作品　2.自然保育─通俗作品

367　　　　　　　　　　　　　　　93024876

廣告回函
台灣中區郵政管理局
登記證第267號
免貼郵票

407
台中市工業區30路1號

晨星出版有限公司

------請沿虛線摺下裝訂，謝謝！------

更方便的購書方式：

(1) **信用卡訂閱**　填妥「信用卡訂購單」，傳真至本公司。
　　　　　　　或　填妥「信用卡訂購單」，郵寄至本公司。

(2) **郵政劃撥**　帳戶：知己圖書股份有限公司　帳號：15060393
　　　　　　在通信欄中填明叢書編號、書名、定價及總金額
　　　　　　即可。

(3) **通　　信**　填妥訂購人資料，連同支票寄回。

◉如需更詳細的書目，可來電或來函索取。
◉購買單本以上9折優待，5本以上85折優待，10本以上8折優待。
◉訂購3本以下如需掛號請另付掛號費30元。
◉服務專線：(04)23595819-231　FAX：(04)23597123
　　　E-mail:itmt@morningstar.com.tw

◆讀者回函卡◆

讀者資料：

姓名：＿＿＿＿＿＿＿＿　　　性別：□ 男　□ 女

生日：　／　　／　　　　身分證字號：＿＿＿＿＿＿＿＿＿＿＿

地址：□□□＿＿＿＿＿＿＿＿＿＿＿＿＿＿＿＿＿＿＿＿＿

聯絡電話：　　　　　　（公司）　　　　　　　（家中）

E-mail＿＿＿＿＿＿＿＿＿＿＿＿＿＿＿＿＿＿＿＿＿＿＿

職業：□ 學生　　　□ 教師　　　□ 內勤職員　□ 家庭主婦
　　　□ SOHO族　　□ 企業主管　□ 服務業　　□ 製造業
　　　□ 醫藥護理　□ 軍警　　　□ 資訊業　　□ 銷售業務
　　　□ 其他＿＿＿＿＿＿＿＿＿＿

購買書名：＿＿＿＿＿＿＿＿＿＿＿＿＿＿＿＿＿＿

您從哪裡得知本書：□ 書店　　□ 報紙廣告　　□ 雜誌廣告　　□ 親友介紹

□ 海報　　□ 廣播　　□ 其他：＿＿＿＿＿＿＿＿＿

您對本書評價：（請填代號 1. 非常滿意　2. 滿意　3. 尚可　4. 再改進）

封面設計＿＿＿＿＿版面編排＿＿＿＿＿內容＿＿＿＿＿文／譯筆＿＿＿＿＿

您的閱讀嗜好：

□ 哲學　　　□ 心理學　　□ 宗教　　　□ 自然生態　□ 流行趨勢　□ 醫療保健
□ 財經企管　□ 史地　　　□ 傳記　　　□ 文學　　　□ 散文　　　□ 原住民
□ 小說　　　□ 親子叢書　□ 休閒旅遊　□ 其他＿＿＿＿＿＿＿＿＿＿＿＿

信用卡訂購單（要購書的讀者請填以下資料）

書　　　　　名	數　量	金　額	書　　　　　名	數　量	金　額

□VISA　　□JCB　　□萬事達卡　　□運通卡　　□聯合信用卡

● 卡號：＿＿＿＿＿＿＿＿　　● 信用卡有效期限：＿＿＿＿年＿＿＿＿月

● 訂購總金額：＿＿＿＿＿＿＿元　● 身分證字號：＿＿＿＿＿＿＿＿＿＿

● 持卡人簽名：＿＿＿＿＿＿＿＿＿＿（與信用卡簽名同）

● 訂購日期：＿＿＿＿年＿＿＿＿月＿＿＿＿日

填妥本單請直接郵寄回本社或傳真(04)23597123